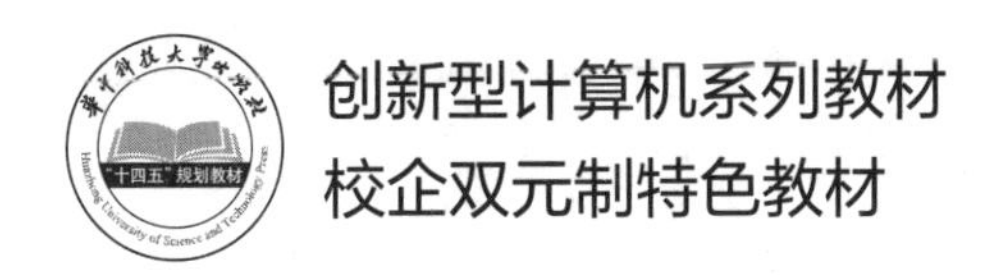

创新型计算机系列教材

校企双元制特色教材

网络组建与运维项目式教程

Wangluo Zujian yu Yunwei Xiangmushi Jiaocheng

主　编◎贾进康　陈易平　李秀静

副主编◎苏绍培　崔春梦　谢曙光　余法红

　　　　秦雯波　滕步炜　李余党　杨　悦

　　　　胡晓娇　熊　星　夏　红

编　委◎罗旭东　刘游双　秦　慧　陈健康

　　　　张　强　孙瑞瑞　周　宇　杨　会

　　　　周　润

華中科技大學出版社

http://press.hust.edu.cn

中国·武汉

内容简介

本书按照教育部网络技术等专业课程教学基本要求进行编写。本书根据专业教学改革实际情况，由教学经验丰富的教师联合多年一线工程师以真实项目、工单任务、典型案例等为载体进行开发。本书以项目为载体，本着“理论＋工单任务＋项目实践”一体化的原则，按照“理论基础、路由交换、网络高可靠性、网络安全技术”这四个模块的知识目标与能力目标进行编写，其内容涵盖计算机网络技术的基础知识、路由器交换机的基础工作模式以及网络安全技术，每个阶段有相应的基础知识介绍和实验案例操作，也有综合性实验进行拓展拔高，对“理实一体”教学有较大的帮助。在一些比较重要的实验部分，加入了工程师提示，结合一线工程师对于该知识点的易错问题进行提示，帮助学生少走弯路。结合当今技术形势，引入关于计算机网络技术国产化发展的课程思政，引导学生树立技术报国、科技强国的思想理念。

本书适合作为计算机网络技术专业的教材，也可作为计算机网络技术爱好者的参考用书。

图书在版编目(CIP)数据

网络组建与运维项目式教程 / 贾进康，陈易平，李秀静主编. -- 武汉 ：华中科技大学出版社，2025. 1.
ISBN 978-7-5772-1634-8

Ⅰ. TP393

中国国家版本馆 CIP 数据核字第 2025UL9896 号

网络组建与运维项目式教程　　贾进康　陈易平　李秀静　主编
Wangluo Zujian yu Yun-wei Xiangmushi Jiaocheng

策划编辑：汪　粲
责任编辑：余　涛
封面设计：廖亚萍
责任监印：周治超
出版发行：华中科技大学出版社(中国·武汉)　　电话：(027)81321913
　　　　　武汉市东湖新技术开发区华工科技园　　邮编：430223
录　　排：武汉市洪山区佳年华文印部
印　　刷：武汉科源印刷设计有限公司
开　　本：787mm×1092mm　1/16
印　　张：12
字　　数：268 千字
版　　次：2025 年 1 月第 1 版第 1 次印刷
定　　价：59.80 元

前言

在中国共产党第二十次全国代表大会上，强调科技是第一生产力，人才是第一资源，创新是第一动力，这表明党和国家高度重视科技创新，其中提到了一些关键核心技术需要实现突破，包括战略新兴产业的发展，而计算机技术则是现代新兴产业的重要组成部分。在当今数字化时代，计算机网络已经成为我们生活和工作的重要组成部分。无论是社交媒体、在线购物、远程工作或学习，都需要依赖网络。因此，了解如何构建及维护网络，研发并使用国产化计算机网络设备是一项至关重要的技能。

本书旨在为学生提供网络系统运维的知识和技能，使读者能够更好地理解和应对不断发展的网络领域。书中将介绍网络组建的基本原理和技术，包括网络拓扑、协议、安全性、性能优化等方面的知识。学生将学会如何规划、设计和配置网络，以满足不同组织和个人的需求。

在实际实践方面，"网络系统运维"课程将提供机会让学生动手实验，搭建和管理虚拟网络环境。学生将有机会配置路由器、交换机等网络设备，以及实现各种网络服务。通过这些实际操作，学生将能够更好地理解网络组建的实际挑战和解决方法。

本书还强调团队合作和沟通技能。在现实世界中，网络团队通常由不同背景和技能的人员组成，他们需要协作来解决复杂的网络问题。因此，学生将有机会在小组项目中合作，分享知识和经验，以提高团队工作的能力。

最后，希望本书能够为学生提供一种全面的网络系统运维项目式教学体验，使他们能够在职业生涯中更好地应对网络技术的挑战。

祝大家在学习过程中有所收获！

编　者

2025 年 1 月

目录

Contents

项目一：探索 TCP/IP 协议

1.1 【项目介绍】

本项目主要介绍计算机网络体系结构及其各层功能，在网络工程师的职业工作内容中，实际上大部分工作都在处理和排除网络故障，因此重点掌握网络协议原理，学会 IPv4 地址的划分是非常重要的。

1.2 【学习目标】

【知识目标】

1. 了解互联网的基本定义。
2. 熟悉 OSI 七层模型及各层作用。
3. 掌握计算机网络协议基础知识。

【技能目标】

1. 了解 OSI 七层模型的功能及作用。
2. 明确 OSI 七层模型与 TCP/IP 四层模型的区别。

【素质目标】

1. 关注计算机网络技术的发展。
2. 了解国内外计算机网络技术的发展趋势。

1.3 任务一：认识计算机网络体系结构

本任务知识点

(1) 计算机网络概念。

(2) 计算机网络体系结构概念。

(3) 计算机网络体系结构的两种参考模型。

1.3.1 计算机网络的定义

互联网(Internet)是一个全球性的、去中心化的计算机网络体系,它通过互联的方式将数以亿计的计算机、服务器、设备以及其他信息通信节点连接在一起。互联网允许这些节点之间共享信息、数据、资源和服务,以及进行实时的通信和互动。它不仅仅是一个技术基础设施,更是一个全球性的信息和交流平台,改变了人类的社会、文化、经济等方方面面。互联网的核心特点包括开放性、全球性、互联性、分布式和可扩展性。

计算机网络由若干节点和连接这些节点的链路组成。网络中的节点可以是计算机、集线器、交换机或路由器等。

网络之间还可以通过路由器互联起来,这就构成一个覆盖范围更大的计算机网络。这样的网络称为互联网,因此互联网是“网络的网络”(network of networks)。

习惯上,与网络相连的计算机常称为主机(host)。这样,用云表示的互联网里面就只剩下许多路由器和连接这些路由器的链路了。

我们初步建立了下面的基本概念:

网络把许多计算机连接在一起,而互联网则把许多网络通过路由器连接在一起。与网络相连的计算机常称为主机。

1.3.2 计算机网络体系结构的定义

计算机网络的各层及其协议的集合就是网络的体系结构。换种说法,计算机网络体系结构就是这个计算机网络及其构件所应完成的功能的精确定义。

需要强调的是,这些功能究竟是用何种硬件或软件完成的,则是一个遵循这种体系结构的实现的问题。总之,体系结构是抽象的,而实现则是具体的,是真正在运行的计算机硬件和软件。

1.3.3 计算机网络体系结构的形成

计算机网络体系结构的形成经历了多个阶段和演变过程。计算机网络体系结构形成的几个主要阶段如下。

早期研究阶段(20 世纪 60 年代初):在这个阶段,计算机科学家开始研究如何将多台计算机连接起来,以便进行数据共享和通信。ARPANET 是其中一个里程碑,它于 1969 年建立,是互联网的前身之一。在这个阶段,网络主要用于实现远程计算资源的共享。

分组交换和分层体系结构(20 世纪 70 年代):在这个阶段,分组交换成为一种常用的数据传输方式。分组交换将数据分割为小的数据包,通过网络传输并在目标处重新组装。这个时期还出现了分层体系结构的概念,其中不同的功能层次被分解为一系列协议,每个协议层负责特定的任务,如数据传输、错误检测、路由等。OSI(开放系统互联)模型是一个著名的分层体系结构。

TCP/IP 和互联网的崛起(20 世纪 80 年代)：TCP/IP(传输控制协议/互联网协议)成为主流的网络协议套件，定义了数据在网络上的传输方式。20 世纪 80 年代中期，互联网作为一个连接全球计算机网络的概念开始崭露头角。ARPANET 逐渐过渡为互联网，引发了互联网的迅速发展。

商业化和广泛应用(20 世纪 90 年代)：互联网在这个时期迅速扩展，不仅仅在学术界和军事领域使用，也开始进入商业和个人领域。万维网(World Wide Web)的发明和普及进一步推动了互联网的广泛应用，使信息的检索和共享变得更加简单。

移动和无线网络(2000 年至今)：随着移动设备(如智能手机和平板电脑)的普及，无线网络变得越来越重要。无线局域网(Wi-Fi)和移动蜂窝网络(3G、4G、5G)的发展使人们能够随时随地访问互联网。

物联网和未来发展：进入 21 世纪，物联网(IoT)成为一个重要的发展方向，将各种物理设备和传感器连接到互联网，实现设备之间的通信和数据交换。此外，新的技术如区块链、人工智能等也将对计算机网络体系结构产生影响。

计算机网络体系结构的形成是一个逐步演化的过程，不同的技术、协议和概念在不同阶段的发展中做出了自己的贡献，共同构建了现代计算机网络体系结构。

1.3.4　网络协议

计算机网络体系结构中的协议是一系列规定了通信设备之间如何进行通信和数据交换的规则和标准。这些协议定义了数据传输、错误检测、数据格式、安全性等方面的细节，确保不同设备和系统能够互相理解和协作。一个完整的协议通常包含三个主要要素，称为“协议的三要素”。

(1) 语法(syntax)：语法指定了数据传输的格式和结构，即数据在传输过程中的布局、编码和排列方式。它确保发送方和接收方在数据交换过程中能够正确地理解数据的组织方式。例如，在数据包的头部应该包含哪些字段，这些字段应该按什么顺序排列等。

(2) 语义(semantics)：语义定义了数据传输的含义和解释方式，即数据包中各个字段所表示的信息及其对应的含义。它确保数据在传输过程中能够被正确地解释和理解。例如，特定的字段可能表示数据的类型、长度、时间戳等。

(3) 顺序控制(sequence control)：顺序控制规定了数据传输的顺序，确保数据在发送和接收过程中的正确顺序。这在确保数据的连续性、完整性和可靠性方面至关重要。顺序控制可以通过序列号、确认应答等方式实现，以避免数据包的丢失、重复或错位。

【例 1-1】　让我们以一个简单的电子邮件协议为例来说明协议的三要素：语法、语义和顺序控制。

举例协议：电子邮件发送协议。

语法：在电子邮件发送协议中，语法定义了电子邮件的结构和格式。一个电子邮件通常由邮件头部和邮件主体组成，邮件头部包含有关邮件的元数据，如发件人、收件人、主题等，邮件主体则包含实际的邮件内容。例如，邮件头部可能是如下的格式：

From：sender@sckj. com

To：recipient@sckj. com

Subject：Hello!

语义：语义规定了邮件头部中各个字段的含义和解释。发件人字段表示邮件的发件人地址，收件人字段表示邮件的收件人地址，主题字段表示邮件的主题等。这些字段的语义确定了如何正确地解释和使用邮件头部的信息。

顺序控制：在电子邮件传输过程中，顺序控制确保邮件的正确发送和接收顺序。发送方将邮件发送给接收方，接收方在接收后会发送确认回执。这确保了邮件的可靠传输，避免了邮件丢失或重复。例如，发送方发送邮件后，等待接收方发送确认回执，以确保邮件已被接收。

综合这些要素，我们可以看到，电子邮件协议在语法层面规定了邮件的组织结构，语义层面确定了各个字段的含义，而顺序控制确保了邮件的正确传输和接收顺序。这种协议设计使得电子邮件能够在全球范围内进行可靠的通信。类似的协议三要素也适用于其他通信协议，无论是在计算机网络中还是其他领域。

1.3.5　OSI 参考模型

1. 协议分层模型的优势

网络协议分层的主要目的之一就是在设计、实现和维护复杂的计算机网络和通信系统时提供更有效的管理方法。分层模型将整个通信过程分解成不同的层次，每个层次专注于特定的任务和功能，从而带来许多优势。

(1) 模块化设计:分层模型将复杂的通信过程分解为多个相对独立的模块。每个层次专注于特定的功能，如数据传输、路由选择、错误检测等。这使得设计和开发过程更可管理，降低了系统整体的复杂性。

(2) 清晰的接口:每个层次都有明确定义的接口和功能。这使得不同层次之间的交互和协作更加清晰和有序。开发人员可以关注于各自层次的开发，而无需过多考虑其他层次的实现细节。

(3) 标准化:分层模型促进了协议的标准化。每个层次的功能、接口和协议都可以独立地定义和标准化，这使得不同厂商和开发者可以遵循相同的规范，从而实现互操作性和统一性。

(4) 适应性:分层模型使得系统更具适应性。当需要引入新的技术或修改某个功能时，只需关注于相应的层次，而无需对整个系统进行大规模的更改。

(5) 故障隔离和排除:如果出现问题，则分层模型有助于快速定位问题所在的层次。这可以缩短故障处理时间，减少影响范围，提高系统的稳定性。

(6) 有助于教学和理解:分层模型为教学和理解提供了有组织的结构。它允许学生逐步了解网络通信的各个方面，从较低层次的物理传输到更高层次的应用。

2. OSI 参考模型七层结构

计算机想要实现全球网络互联就需要进行标准化数据通信。为了使不同体系结构的计算机网络都能互联，国际标准化组织 ISO 于 1977 年成立了专门机构研究该问题。1984 年 ISO 发布了一个试图使各种计算机在世界范围内互联成网的标准框架，即开放系统互联参考模型 OSI/RM(open systems interconnection reference model)，简称为 OSI。OSI 模型将网络通信过程划分为七个层次，每个层次都有特定的功能和任务，各层之间通过定义的接口进行通信。以下是 OSI 参考模型的七个层次。

(1) 物理层(physical layer)：物理层是最底层，负责在物理媒介上传输原始比特流。它处理电压、电流、频率等物理特性，确保数据在传输媒介上的可靠传递。

(2) 数据链路层(data link layer)：数据链路层负责将原始比特流划分为帧，并在直连的节点之间传输帧。它通过物理地址(MAC 地址)标识设备，进行帧的传输和接收，并提供流量控制和错误检测功能。

(3) 网络层(network layer)：网络层处理数据的路由和转发，使数据能够从源节点传输到目标节点。它使用逻辑地址(IP 地址)标识主机和网络，并执行路由选择、分组转发等操作。

(4) 传输层(transport layer)：传输层提供端到端的通信，负责数据的可靠传输和错误检测与纠正。它通过端口号标识不同的应用程序，支持可靠的数据传输(如 TCP)和无连接的数据传输(如 UDP)。

(5) 会话层(session layer)：会话层管理不同应用程序之间的会话和连接。它负责建立、维护和结束会话，处理数据同步、检查点等。

(6) 表示层(presentation layer)：表示层处理数据的格式、编码和加密，确保不同设备和应用程序之间的数据能够正确地解释和交换。它还负责数据压缩和加密。

(7) 应用层(application layer)：应用层是最顶层，提供网络服务和应用程序的接口。它包括各种网络应用，如电子邮件、文件传输、网页浏览等。

这些层次在 OSI 模型中相互独立，每个层次都有特定的功能和任务。数据从应用层经过各层依次封装，到达物理层后通过通信媒介传输，然后在接收端经过各层逆向解封装，最终到达应用层。这种分层结构有助于网络协议的设计、实现和交流，同时也促进了不同设备和系统之间的互操作性。

图 1-1 所示的是 OSI 参考模型的网络体系结构。

由图 1-1 可以看出，OSI 参考模型的具有以下特点：

(1)不同节点的同等层具有相同的功能；

(2)同节点内相邻层之间通过接口通信；

(3)使用下层提供的服务，为上层提供服务；

(4)仅在最底层进行直接数据传送。

OSI 的七层协议体系结构的概念清楚，理论也较完整。然而，直到 20 世纪 90 年代初期

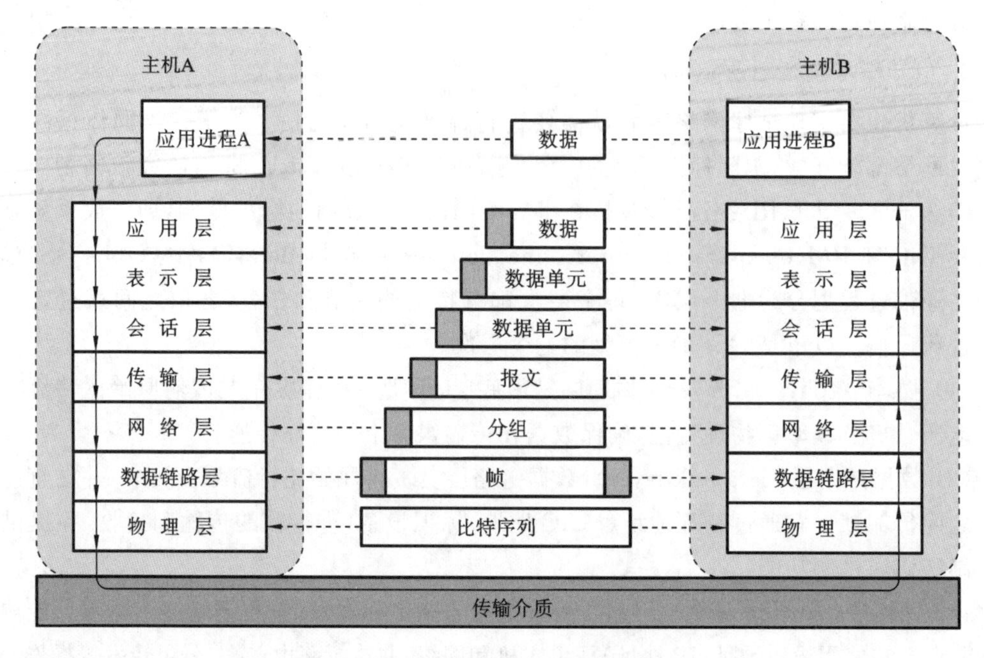

图 1-1 OSI 参考模型的网络体系结构

才完成整套协议的制定,再加上它的规范既复杂又不实用,因此市面上很少有厂家生产出完全符合其标准的产品。

1.3.6 TCP/IP 参考模型

TCP/IP 模型是另一种用于描述计算机网络通信的参考模型,它是实际应用中最常用的网络架构。与 OSI 参考模型类似,TCP/IP 模型也将网络通信过程划分为多个层次,每个层次负责不同的功能。然而,TCP/IP 模型比 OSI 模型简化了一些层次,更贴近实际的网络通信。以下是 TCP/IP 模型的四个层次。

(1) 网络接口层(network interface layer):类似于 OSI 模型中的物理层和数据链路层的功能。网络接口层处理数据在物理媒介上的传输,以及硬件地址(如 MAC 地址)的使用。它确保数据正确发送和接收,负责帧的构建和解析。

(2) 网络互联层(internet layer):类似于 OSI 模型中的网络层的功能。网络互联层处理数据包的路由和转发,以确保数据从源节点传输到目标节点。它使用逻辑地址(IP 地址)标识主机和网络,负责将数据分组从源主机传递到目标主机。

(3) 传输层(transport layer):与 OSI 模型中的传输层相对应。传输层提供端到端的通信,负责数据的可靠传输和错误检测与纠正。最常用的传输层协议是 TCP(transmission control protocol)和 UDP(user datagram protocol),它们分别提供可靠的和无连接的传输服务。

(4) 应用层(application layer):应用层提供各种网络应用和服务的接口,包括电子邮件、文件传输、网页浏览、远程登录等。在 TCP/IP 模型中，许多应用层协议都被定义，如 HTTP、FTP、SMTP 等。

TCP/IP 体系在标准 OSI 协议完全制定出来之前就已经得到了非常广泛的应用。相比于 OSI 参考模型的七层协议，TCP/IP 常被称为是事实上的国际标准。

图 1-2 所示的为 OSI 与 TCP/IP 参考模型的对比。

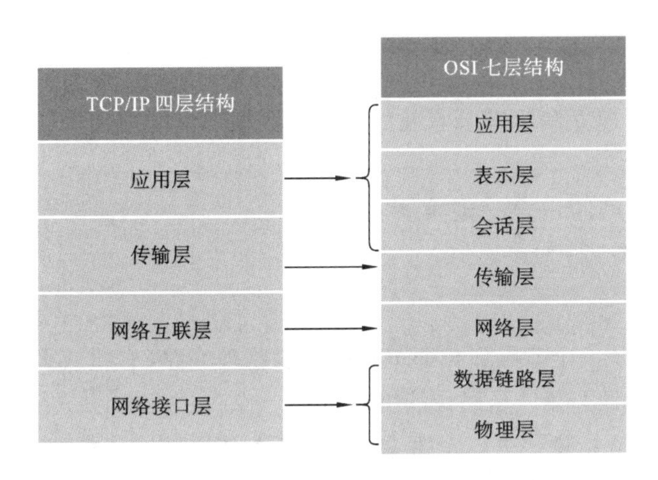

图 1-2　两种参考模型对比

1.3.7　五层协议的体系结构

在学习计算机网络的原理时往往采取折中的办法，即综合 OSI 和 TCP/IP 的优点，采用一种只有五层协议的体系结构，这样既简洁又能将概念阐述清楚，如图 1-3 所示。

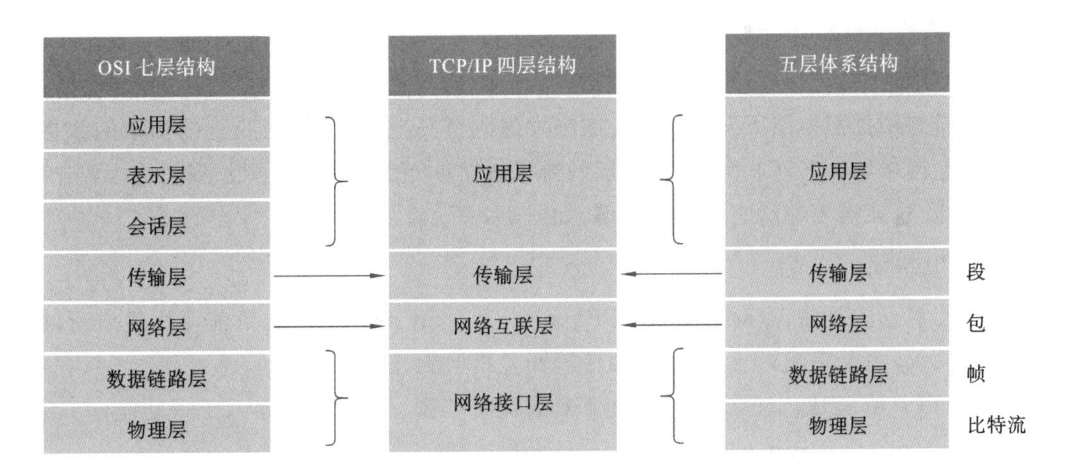

图 1-3　各种体系结构对比

注意：五层协议只是为了方便学习网络协议，实际应用还是“TCP/IP 四层协议”。

1.4 任务二：认识 OSI 参考模型各层

本任务知识点

OSI 参考模型各层的名称和功能。

1.4.1 子任务一：认识数据链路层

数据链路层负责建立和管理节点间的链路。数据链路层使用的信道主要有以下两种类型：

(1) 点对点信道，属于一对一通信。

(2) 广播信道，属于一对多通信。

1. 数据链路

链路(link)就是从一个节点到相邻节点的一段物理线路(有线或无线)，而中间没有任何其他交换节点。链路只是一条路径的组成部分。

数据链路(data link)则是另一个概念。这是因为当需要在一条线路上传送数据时，除了必须有一条物理线路外，还必须有一些必要的通信协议来控制这些数据的传输。若把实现这些协议的硬件和软件加到链路上，就构成数据链路。

现在最常用的方法是使用网络适配器(既有硬件，也有软件)来实现这些协议，一般的适配器都包括了数据链路层和物理层这两层的功能。

也有人将链路分为物理链路和逻辑链路。物理链路就是上面所说的链路(link)，而逻辑链路就是上面所说的数据链路(data link)，是物理链路加上必要的通信协议。

2. 协议数据单元——帧

点对点信道的数据链路层的协议数据单元称为帧。

数据链路层把网络层下发的数据构成帧发送到链路上，以及把接收到的帧中的数据取出并上交给网络层。在互联网中，网络层的协议数据单元就是 IP 数据报(或简称为数据报、分组或包)。这就需要理解三层简化模型，如图 1-4 所示。

3. PPP 协议

对于点对点的链路，点对点协议 PPP(point-to-point protocol)是目前使用最广泛的数据链路层协议，主要完成封装成帧、透明传输和差错检测。

注意：PPP 协议是点对点协议，因此不具有流量控制、多点线路、半双工等功能。

4. LLC 和 MAC 子层

为了使数据链路层能更好地适应多种局域网标准，IEEE 802 委员会把局域网的数据链路层拆成两个子层，即逻辑链路控制 LLC(logical link control)子层和媒体访问控制 MAC(medium access control)子层。与接入到传输媒体有关的内容都放在 MAC 子层，而 LLC

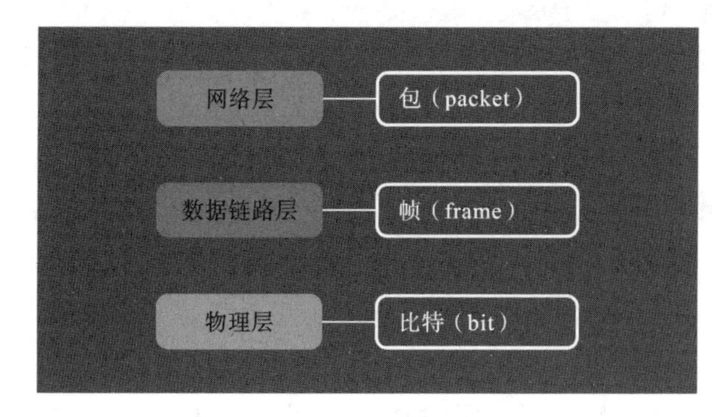

图 1-4　三层模型

子层则与传输媒体无关，不管采用何种传输媒体，MAC 子层的局域网对 LLC 子层来说都是透明的（见图 1-5）。

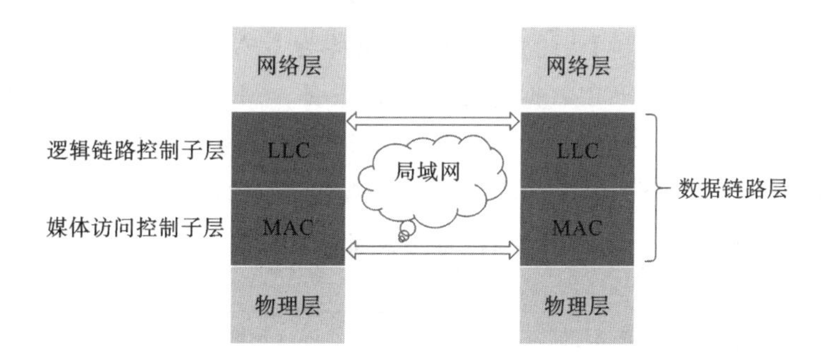

图 1-5　数据链路层子层

在计算机网络的数据链路层，通常可以将其划分为两个子层：逻辑链路控制（logical link control，LLC）子层和媒体访问控制（media access control，MAC）子层。这两个子层一起协同工作，以确保数据在物理媒体上的可靠传输和适当的访问控制。

以下是对 LLC 子层和 MAC 子层的解释。

1）逻辑链路控制（LLC）子层

LLC 子层位于数据链路层的顶部，它提供了一种独立于物理媒体和网络拓扑的接口。主要功能包括以下几方面。

（1）流量控制和错误检测：LLC 子层负责数据链路层上的流量控制，以防止数据丢失或溢出。它还执行错误检测和纠正，以确保数据的完整性。

（2）连接管理：在一些数据链路协议中，LLC 子层负责建立、维护和终止连接。它处理连接的建立和拆除过程，以及连接中的控制信息交换。

（3）逻辑寻址：LLC 子层在数据链路层上实现逻辑寻址，使用逻辑地址标识不同的网络设备，而不是使用物理地址（MAC 地址）。

2）媒体访问控制(MAC)子层

MAC 子层位于数据链路层的底部，它负责管理物理媒体的访问控制，以确保多个设备可以共享同一媒体而不发生冲突。主要功能包括以下儿方面。

(1) 帧封装和解封装：MAC 子层负责在数据链路层和物理层之间进行数据帧的封装和解封装。它将逻辑上的数据帧转换为物理上的比特流，以便在物理媒体上传输。

(2) 媒体访问控制方法：MAC 子层定义了媒体访问控制的规则和方法，如 CSMA/CD(用于以太网)或 CSMA/CA(用于 Wi-Fi)。这些方法确保在共享媒体上进行有效的数据传输，避免冲突和数据碰撞。

(3) MAC 地址处理：MAC 子层处理网络适配器的硬件地址，即 MAC 地址。它负责在数据帧中插入源和目的 MAC 地址，以便正确传输和接收数据。

逻辑链路控制(LLC)子层和媒体访问控制(MAC)子层在数据链路层一起工作，分别处理逻辑层面的控制和物理层面的访问控制，以确保数据在网络中的可靠传输和适当的共享。

MAC 地址：媒体访问控制子层的硬件地址，也称为 MAC 地址，是网络适配器(如以太网适配器)的唯一标识符，用于在数据链路层标识设备。MAC 地址是一个全球唯一的 48 位标识符，通常以十六进制(如 00:1A:2B:3C:4D:5E)表示，由 IEEE 管理分配。

其中，前 24 位是厂商唯一标识符，由 IEEE 分配给不同的设备制造商。后面的 24 位由制造商自行分配，以保证唯一性。MAC 地址格式如图 1-6 所示。

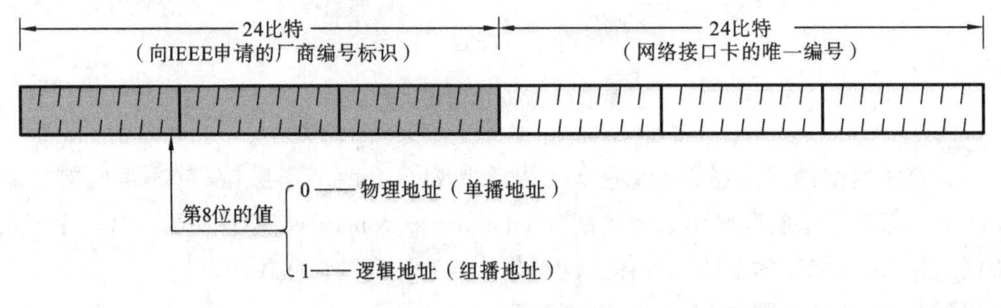

图 1-6　MAC 地址格式

MAC 地址在媒体访问控制子层起到了非常重要的作用，帮助网络中的设备区分彼此并进行有效的通信。这种地址的唯一性和硬件设置性质，使得 MAC 地址成为计算机网络中不可或缺的组成部分。

以太网帧格式：以太网技术所使用的帧称为以太网帧，或简称以太帧，主要有 Ethernet II 和 IEEE 802.3 两种标准帧格式，如图 1-7 所示。

(1) 目的 MAC 地址(destination MAC,DMAC)：6 字节。

(2) 源 MAC 地址(source MAC,SMAC)：6 字节。

(3) 长度/类型字段(length/type)：2 字节的字段，根据以太网帧的类型确定其内容。当值小于或等于 1500 时，它指示数据字段的长度；当值大于或等于 1536 时，它指示帧中的

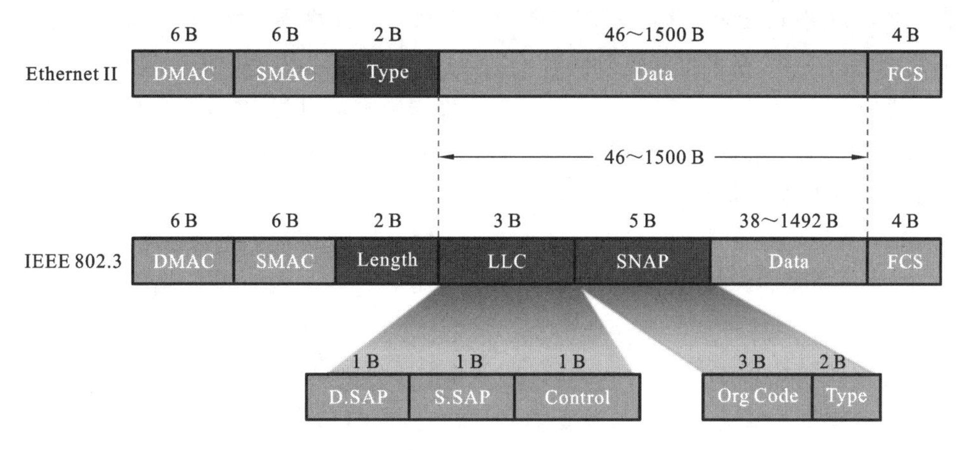

图 1-7　MAC 帧格式

数据类型。

(4) 数据字段(data)：包含实际的数据，长度可变。

(5) 帧校验序列(frame check sequence，FCS)：4 字节的 CRC(循环冗余校验)码，用于检测数据帧是否在传输过程中发生错误。

在数据帧中，目的 MAC 地址和源 MAC 地址分别标识了数据帧的目的设备和发送设备。这使得网络适配器能够根据目的 MAC 地址决定是否接收数据帧。如果目的 MAC 地址与适配器的 MAC 地址匹配，则适配器就会接收和处理数据帧；否则，它会忽略数据帧。

5. CSMA/CD 协议

在早期的以太网中，采用了共享总线的拓扑结构，即多台计算机通过连接到同一根总线上来共享通信介质。在这种拓扑中，每台计算机的网络适配器具有唯一的硬件地址(MAC 地址)，用于标识计算机。为了实现在共享总线上的一对一通信，数据帧中包含目的地址，只有与目的地址匹配的计算机才会接收和处理这个数据帧，其他计算机会忽略它。

总线上只要有一台计算机在发送数据，总线的传输资源就被占用。因此，在同一时间只能允许一台计算机发送数据，否则各计算机之间就会互相干扰，使得所发送数据被破坏。这好比有一屋子的人在开讨论会，没有会议主持人控制发言。想发言的随时可发言，不需要举手示意。这时就需要有个协议来协调大家的发言。也就是说，如果你听见有人在发言，那么你就必须等别人讲完了才能发言(否则就干扰了别人的发言)。但有时碰巧两个或更多的人同时发言了，那么一旦发现冲突，大家都必须立即停止发言，等听到没有人发言了你再发言。以太网采用的协调方法与上面的办法类似，它使用的协议是 CSMA/CD(carrier sense multiple access with collision detection)，意思是载波监听多点接入/碰撞检测。

CSMA/CD 协议的工作流程如下。

(1) 载波监听(carrier sense)：在发送数据之前，计算机会先监听物理媒体(传输介质)，以检测是否有其他计算机正在发送数据。如果物理媒体空闲，计算机才会继续下一步。

(2) 多点访问(multiple access)：多个计算机都可以共享同一物理媒体，它们都具备发送数据的能力。然而，在多个计算机同时发送数据时，可能会发生碰撞。

(3) 碰撞检测(collision detection)：如果在发送数据的过程中，计算机检测到媒体上有其他计算机也在发送数据(即检测到冲突，也叫碰撞)，它会立即停止发送，并发送一个信号以通知其他计算机有冲突发生。

(4) 退避算法(backoff algorithm)：在发生碰撞后，发送数据的计算机会使用退避算法，在一段随机的时间内等待，然后重新开始尝试发送数据。这有助于减少多次碰撞的可能性。

总而言之，CSMA/CD是一种网络协议，主要用于以太网局域网(Ethernet LAN)中，用于控制多个计算机共享同一物理传输介质(如同一根电缆)时的数据传输。然而，随着技术的发展，以太网的速度逐渐提高，碰撞检测的效率下降，因此在现代以太网中，通常使用全双工通信和交换机等技术来取代CSMA/CD协议，以提高性能和可靠性。

6. 适配器的作用

网络适配器，也称为网络接口卡(network interface card，NIC)、网络接口控制器(network interface controller，NIC)或网卡，是一种硬件设备，用于在计算机和计算机网络之间进行数据通信。它在计算机中起到桥梁的作用，使计算机能够通过不同类型的网络连接进行数据的发送和接收。

以下是网络适配器的一些简单介绍和主要特点。

(1) 物理连接：网络适配器通常以扩展插卡或集成电路板的形式存在，可以通过各种物理连接(如以太网、Wi-Fi、蓝牙等)将计算机连接到网络。不同类型的网络适配器支持不同的连接方式，以满足不同网络环境的需求。

(2) 数据链路层：网络适配器在OSI模型中的数据链路层执行功能，处理帧的组装、分解和错误检测。它负责将数据包装成适合在物理介质上传输的帧，并从接收的帧中提取出有用的数据。当计算机要发送IP数据报时，就由协议栈把IP数据报向下交给适配器，组装成帧后发送到局域网。我们特别要注意，计算机的硬件地址(MAC地址)就在适配器的ROM中，而计算机的软件地址(IP地址)则在计算机的存储器中。

(3) MAC地址：每个网络适配器都有一个唯一的物理地址，称为MAC地址(media access control address)。MAC地址用于在局域网内唯一标识网络适配器，确保数据包能够正确地送达目标设备。

(4) 驱动程序：为了使操作系统能够与网络适配器进行通信，需要安装适当的驱动程序。这些驱动程序负责管理网络适配器的功能，使操作系统能够利用网络适配器进行数据传输和通信。

(5) 数据流控制：某些网络适配器支持数据流控制功能，可根据网络流量和负载情况来调整数据传输速率，以防止数据拥塞和丢失。

总体而言，网络适配器是计算机网络通信的基础，它允许计算机在各种网络环境中与其他设备进行数据交换，从而实现了互联网和局域网等网络的连接和通信。

7. 以太网交换机

在许多情况下，我们希望对以太网的覆盖范围进行扩展。以太网的扩展可以在物理层和数据链路层进行。在物理层，主要关注传输媒介和速率的改进，而在数据链路层，主要考虑数据帧格式和访问控制机制的扩展。

物理层扩展方法如下。

(1) 使用光纤：引入光纤作为传输媒介，以实现更大的传输距离和更高的带宽。光纤以太网在数据中心和长距离连接中得到广泛应用。

(2) 高速以太网：提高传输速率以满足高带宽需求。包括 Fast Ethernet、Gigabit Ethernet、10 Gigabit Ethernet 等多种选择。

(3) 双绞线扩展：使用更高质量的双绞线，如 Cat 6 和 Cat 7，以提供更高的传输速率和抗干扰能力。

(4) 多模和单模光纤：选择适当的光纤类型，如多模光纤和单模光纤，以满足不同距离要求。

数据链路层扩展方法如下。

扩展以太网更常用的方法是在数据链路层进行。最初人们使用的是网桥(bridge)。网桥对接收到的帧根据其目的 MAC 地址进行转发和过滤。当网桥收到一个帧时，并不是向所有的接口转发此帧，而是根据此帧的目的 MAC 地址，查找网桥中的地址表，然后确定将该帧转发到哪一个接口，或者是把它丢弃(即过滤)。

交换式集线器(switching hub)问世后很快就淘汰了网桥。交换式集线器常称为以太网交换机(switch)或第二层交换机(L2 switch)，强调这种交换机工作在数据链路层。

1.4.2 子任务二：认识网络层

网络层是计算机网络体系结构中的一个重要组成部分，位于数据链路层之上，主要负责在不同的主机或设备之间提供逻辑上的通信和数据传输。网络层的主要功能是实现数据包的路由选择、转发和分组交换，以确保数据从源主机传输到目标主机。

1. IP 协议

IP 协议：IP 协议是网络层的核心协议，它定义了数据包的格式、寻址方案和路由选择算法。IPv4 和 IPv6 是两个常用的 IP 版本。

以下是 IP 协议的主要特点和功能。

(1) 逻辑寻址：IP 地址是 IP 协议中的重要概念，用于标识网络中的不同设备。IPv4(32 位地址)和 IPv6(128 位地址)是两种常用的 IP 地址格式。IP 地址由网络部分和主机部分组成，网络部分用于标识网络，主机部分用于标识特定设备。

(2) 分组交换：IP 协议将数据分割成称为数据包(或分组)的小块，每个数据包包含了目标 IP 地址、源 IP 地址以及数据内容。这些数据包在网络中独立传输，经过路由器的转发，最终到达目标主机，然后再重新组装成完整的数据。

(3) 路由选择：IP 协议通过路由选择算法决定如何将数据包从源主机传输到目标主机。路由选择可以基于不同的策略，如最短路径、最小拥塞等，以确保数据能够快速而有效地传输。

(4) 无连接协议：IP 协议是一种无连接协议，这意味着每个数据包都独立传输，不需要建立长期的连接。这与传输控制协议(TCP)不同，TCP 是面向连接的协议，需要在通信前建立连接。

(5) 不可靠性：IP 协议本身不保证数据传输的可靠性，数据包可能会在网络中丢失、重复或顺序错误。为了解决这个问题，通常会在 IP 协议之上使用 TCP 协议来提供可靠的数据传输。

(6)子网掩码：IP 地址还可以结合子网掩码来划分网络和主机部分。子网掩码用于标识哪些部分是网络部分，哪些部分是主机部分。这有助于实现更细粒度的网络划分和管理。

1) IP 地址

IP 地址(这里所讲的 IP 地址其实是 IPv4 地址)就是给互联网上的每一台主机(或路由器)的每一个接口分配一个在全世界范围内唯一的 32 位的标识符。

IP 地址的编址方法主要分为以下三个阶段。

(1) 分类编址。

分类 IP 地址是早期 IPv4 地址分配方法中的一种方案，根据 IP 地址的前几位来确定网络部分和主机部分。

它将 IPv4 地址划分为几个固定的类别(A、B、C、D、E 类)，每个类别拥有不同的网络和主机位数，用于满足不同规模和需求的网络。图 1-8 所示的是 IP 地址中的网络号字段和主机号字段。

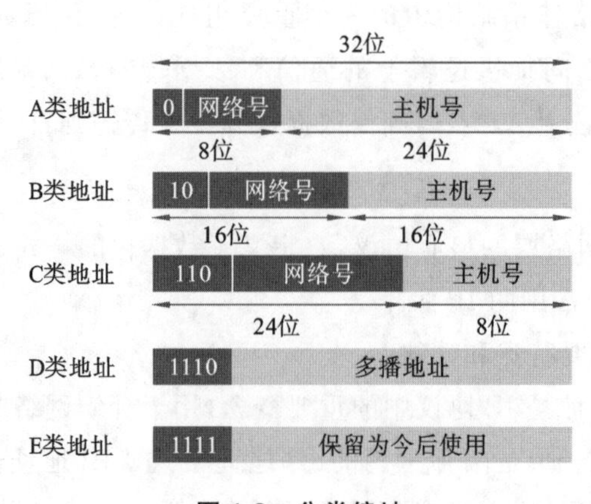

图 1-8　分类编址

以下是各个分类 IP 地址的特点。

① A 类地址：由 1 个字节(每个字节是 8 位)的网络地址和 3 个字节的主机地址组成，网络地址的最高位必须是“0”，默认掩码 8 位。

地址范围为 0.0.0.0～127.255.255.255。A 类地址用于大型网络，具有非常大的主机地址空间，可以容纳数百万台主机。

② B 类地址：由 2 个字节的网络地址和 2 个字节的主机地址组成，网络地址的最高位必须是“10”，默认掩码 16 位。

地址范围为 128.0.0.0～191.255.255.255。B 类地址用于中等规模的网络，提供了相对较大的主机地址空间。

③ C 类地址：由 3 个字节的网络地址和 1 个字节的主机地址组成，网络地址的最高位必须是“110”，默认掩码 24 位。

地址范围为 192.0.0.0～223.255.255.255。C 类地址用于较小规模的网络，主要用于组织和企业内部网络。

④ D 类地址(多播地址)：第一个字节以“1110”开始。

地址范围为 224.0.0.0～239.255.255.255。D 类地址用于多播通信，允许数据同时发送到多个接收方。

⑤E 类地址(保留地址)：第一个字节以“1111”开始。

地址范围为 240.0.0.0～255.255.255.255。E 类地址保留用于实验和特殊用途，一般不用于常规网络通信。

尽管分类 IP 地址曾经是 IPv4 地址分配的一种方法，但由于其固定的分配方式和地址浪费问题，后来被 CIDR(无类别域间路由)编址方法所取代。CIDR 允许更灵活地分配 IP 地址，提高了地址利用率和网络管理的效率。

(2) 子网划分。

随着网络需求的增长，传统的分类编址方法无法满足不同规模和需求的网络。为了更有效地管理 IP 地址，引入了子网编址方法。子网编址允许网络管理员将网络进一步划分为子网，从而更精细地控制 IP 地址的分配和路由。这种编址方法提高了 IP 地址的利用率和分配灵活性。

(3) 无类别域间路由(CIDR)编址。

为了进一步提高 IP 地址的利用率和灵活性，引入了 CIDR 编址方法。CIDR 不再使用固定的 A、B、C 类别，而是使用前缀长度表示网络部分的位数。例如，192.168.0.0/16 表示网络部分有 16 位。CIDR 的引入使得地址分配更具灵活性，减少了地址浪费。

2）子网掩码

子网掩码是用于划分 IP 地址中的网络部分和主机部分的一个重要参数。它的作用是帮助路由器和计算机确定要发送数据包的目标网络。当数据包发送到一个目标 IP 地址时，计算机会使用子网掩码来确定目标 IP 地址的网络号，然后将数据包发送到正确的网络。

子网掩码是一个32位的二进制数字，与IPv4地址相对应。子网掩码中的1(若干个连续的1)表示该位置属于网络部分，而0(若干个连续的0)表示该位置属于主机部分。通过与IP地址进行逐位的逻辑与运算，可以确定网络号和主机号。

子网掩码的常见表示形式如下。

(1) 点分十进制表示法：这是最常见的表示法，它与IP地址的点分十进制表示法非常相似。例如，255.255.255.0表示一个24位的子网掩码，前24位用于网络部分，剩下的8位用于主机部分。

(2) CIDR表示法：CIDR表示法通常与IP地址一起使用，以指定子网掩码的长度。例如，/24表示一个24位的子网掩码。这种表示法更灵活，可以表示不同长度的子网掩码。

表1-1所示的为若干个甄别子网掩码的示例。

表1-1　子网掩码判断

示例	是否为子网掩码
11111100　00000000　00000000　00000000　(252.0.0.0)	是
11111111　11000000　00000000　00000000　(255.192.0.0)	是
11111111　11111111　11111111　11110000　(255.255.255.240)	是
11111111　11111111　11111111　11111111　(255.255.255.255)	是
00000000　00000000　00000000　00000000　(0.0.0.0)	是
11011000　00000000　00000000　00000000　(216.0.0.0)	否
00000000　11111111　11111111　11111111　(0.255.255.255)	否

① 子网掩码与网络地址。

通常我们使用子网掩码和IP地址进行与运算，就可以计算出网络地址。

【例1-2】 假设IP地址：192.168.1.25，子网掩码：255.255.255.0，计算这个IP地址所属的网络地址。

【解】 首先，将IP地址和子网掩码转换为二进制形式。

IP地址192.168.1.25的二进制表示：11000000.10101000.00000001.00011001。

子网掩码255.255.255.0的二进制表示：11111111.11111111.11111111.00000000。

接下来对IP地址和子网掩码进行与运算。在与运算中，只有两个对应位置的位都为1时，结果位才为1，否则为0。因此，进行如下的与运算。

IP地址：　　11000000.10101000.00000001.00011001

子网掩码：　11111111.11111111.11111111.00000000

与运算结果：11000000.10101000.00000001.00000000

最后，将与运算的结果转换回十进制形式，得到网络地址。

网络地址的十进制表示：192.168.1.0。

② 子网掩码与广播地址。

广播地址是一种特殊的 IP 地址，它用于向特定网络中的所有设备发送数据包。广播地址的形式通常是网络地址的最后一个地址，即主机地址部分全部为 1。

【例 1-3】 假设有一个 IP 地址为 192.168.2.15，子网掩码为 255.255.255.240（或 CIDR 表示为 /28 的子网掩码），计算这个子网的广播地址。

【解】 首先，将 IP 地址和子网掩码转换为二进制形式。

IP 地址 192.168.2.15 的二进制表示为：11000000.10101000.00000010.00001111。

子网掩码 255.255.255.240 的二进制表示为：11111111.11111111.11111111.11110000。

接下来计算网络地址，将 IP 地址与子网掩码进行按位与操作。

IP 地址：　　　11000000.10101000.00000010.00001111

子网掩码：　　11111111.11111111.11111111.11110000

与运算结果：　11000000.10101000.00000010.00000000

将得到的二进制结果的主机部分（最后 4 位）全部设置为 1：

11000000.10101000.00000010.0000 * * * *（* 代表 1）

或者将网络地址＋子网掩码的反码＝广播地址

网络地址：　　11000000.10101000.00000010.00000000

子网掩码反码：00000000.00000000.00000000.00001111

加法：　　　　11000000.10101000.00000010.00001111

最后将二进制结果转换回十进制形式，得到广播地址：192.168.2.15。

如果一个网络不划分子网，那么该网络的子网掩码就使用默认子网掩码。默认情况下，A、B、C 三类网络的子网掩码分别是 255.0.0.0、255.255.0.0 和 255.255.255.0。

3）子网划分

为了提高 IP 地址的利用率，可将所属的物理网络划分为若干个子网（subnet）。

划分子网的方法是从主机号中借用若干位作为子网号，从而在网络内部创建更多的子网。这使得 IP 地址的结构从原来的两级（网络号和主机号）变成了三级（网络号、子网号和主机号），如图 1-9 所示。

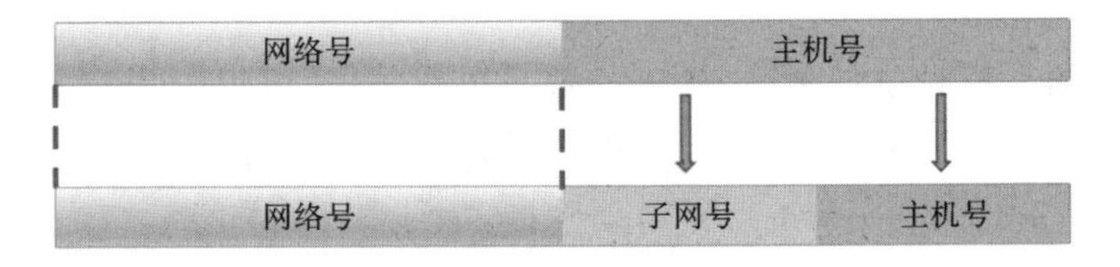

图 1-9　划分子网

扩展的表示法：在划分子网后，可以扩展 IP 地址的表示法以包括子网号。例如，一个 IP 地址可能看起来像这样：192.168.1.1/24，其中“/24”表示前 24 位用于网络和子网号，剩下的 8 位用于主机号。这种表示法通常用于 CIDR（无类域间路由）。

【例 1-4】 将 192.168.3.0/24 划分 4 个网段。

【解】 网络号向主机号借位，借位使得 IP 地址的结构分为三个部分：网络位、子网位和主机位，如图 1-10、图 1-11、图 1-12 所示。

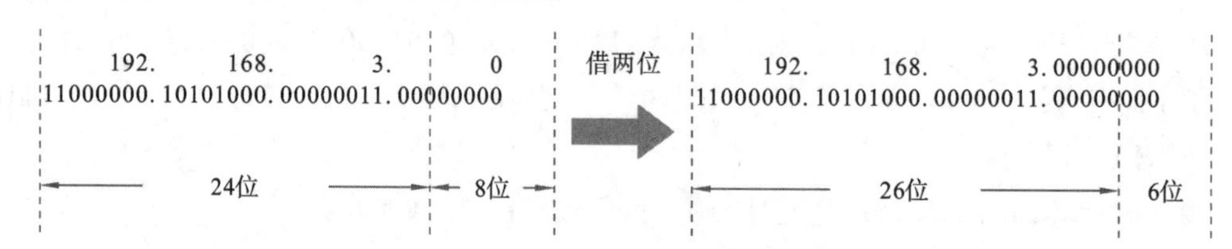

图 1-10　可变子网掩码 1

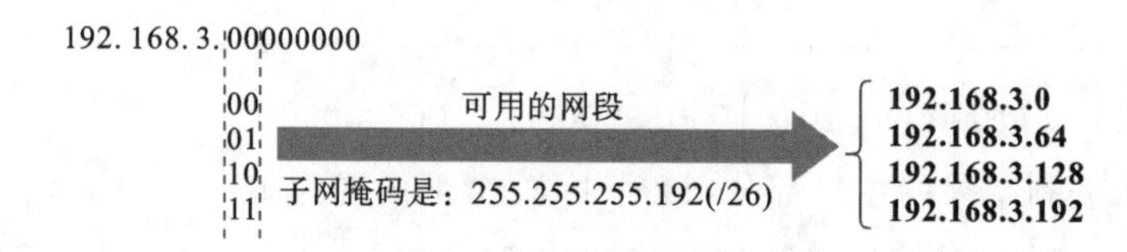

图 1-11　可变子网掩码 2

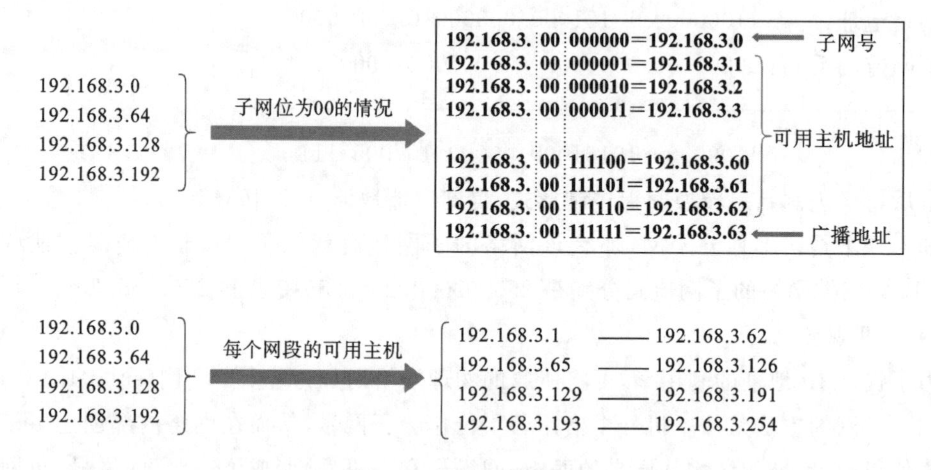

图 1-12　可变子网掩码 3

4）子网划分原理

子网号借用的主机号位数越多，子网的数目也就越多，但每个子网的可用主机数就越少，根据子网号借用主机号的位数，可以分别计算出子网数、子网掩码和每个子网的可用主机数，如图 1-13 所示。

2. ARP 协议

地址解析协议（address resolution protocol，ARP）是网络层的协议，用于将 IP 地址解

借位数	掩码长度	子网掩码	子网数	主机数	可用主机数
1	/25	255.255.255.128	2	128	126
2	/26	255.255.255.192	4	64	62
3	/27	255.255.255.224	8	32	30
4	/28	255.255.255.240	16	16	14
5	/29	255.255.255.248	32	8	6
6	/30	255.255.255.252	64	4	2

图 1-13　子网划分原理

析为 MAC 地址。

每一台主机都设有一个 ARP 高速缓存(ARP cache),里面有本局域网上的各主机和路由的 IP 地址到硬件地址的映射表,主机(网络接口)新加入网络时(也可能只是 MAC 地址发生变化、接口重启等),会发送 ARP 报文把自己的 IP 地址与 MAC 地址的映射关系广播给其他主机,如图 1-14 所示。

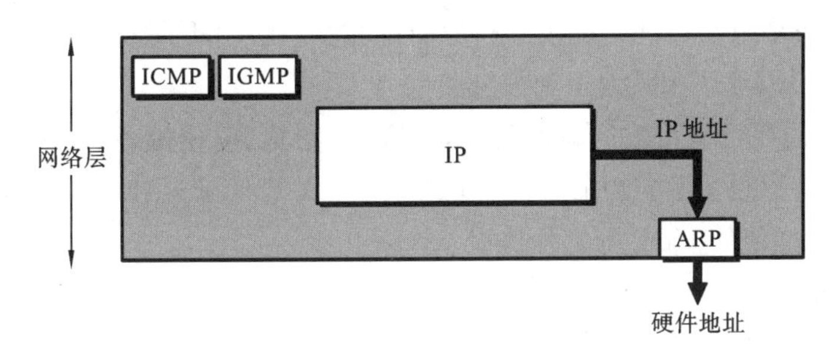

图 1-14　ARP 缓存

3. ICMP 协议

网际控制报文协议(Internet control message protocol,ICMP)工作在网络层。

ICMP 的消息可以分为两类:一类是差错报文,即通知出错原因的错误消息(如 tracert);另一类是查询报文,即用于诊断的查询消息(如 ping)。

ICMP 的功能是确认 IP 包是否成功到达目标地址和通知在发送过程中 IP 包被丢弃的原因。

1.4.3　子任务三:认识传输层

1. TCP 协议

TCP(transmission control protocol,传输控制协议)是一种计算机网络通信协议,属于

传输层协议，用于在网络上可靠地传输数据。TCP 通过提供数据分段、重新排序、错误检测和流量控制等机制来确保数据的可靠性和有序传输。

TCP 协议的主要特点如下。

(1) 可靠性：TCP 通过使用序号、确认和重传机制来确保数据的可靠传输。每个 TCP 数据段都有一个唯一的序号，接收方会确认已收到的数据，并要求发送方重传丢失的数据。

(2) 面向连接：TCP 是一种面向连接的协议，通信的双方在数据传输之前需要建立连接。连接建立包括三次握手过程，确保发送方和接收方都准备好进行通信。

(3) 流量控制：TCP 使用滑动窗口机制来进行流量控制。发送方会根据接收方的处理能力来控制发送速率，以防止数据丢失或过载。

(4) 拥塞控制：TCP 还具有拥塞控制机制，用于监测网络拥塞情况并相应地调整发送速率，以避免网络拥塞。

(5) 双向通信：TCP 支持全双工通信，允许双方同时发送和接收数据。

(6) 有序传输：TCP 确保数据按照发送的顺序到达接收方，即使数据包在网络中的到达顺序不同。

(7) 端口：TCP 使用端口号来标识不同的应用程序或服务，以便数据正确传送到目标应用程序。

(8) 可靠性和复杂性：TCP 提供了高度的可靠性，比 UDP 等协议更复杂，因为它需要维护连接状态、序号、确认和其他控制信息。

TCP 常用于需要可靠传输的应用程序，如 Web 浏览、电子邮件、文件传输等。它确保数据的完整性和有序性，但可能引入一些延迟。对于需要低延迟和不需要强制可靠性的应用程序，可能会选择使用 UDP 等其他协议。

2. TCP 封装

TCP 是基于两个网络主机之间的端对端通信。TCP 从高层协议接收需要传送的字节流，将字节流分成段，然后 TCP 对段编号和排序以便传递。

TCP 在 IP 数据报文中的封装主要包括 TCP 报头和 TCP 数据，如图 1-15 所示。

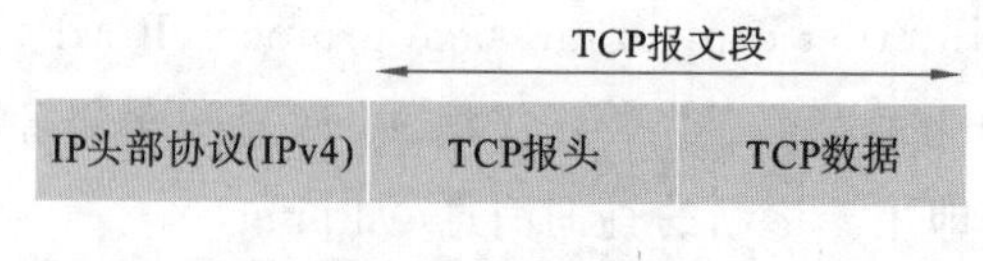

图 1-15　TCP 报文

3. TCP 三次握手

TCP 的三次握手是建立 TCP 连接的过程，它确保通信的双方都准备好进行数据传输。三次握手的步骤如下。

第一步　客户端向服务器发送连接请求。

(1) 客户端发送一个 TCP 报文段，其中包含一个 SYN 标志位，表示客户端要发起连接。

(2) 客户端随机选择一个初始序列号用于后续的数据传输。

(3) 客户端选择一个初始的序列号是为了确保每个连接都有一个唯一的标识。

第二步　服务器响应并确认连接请求。

(1) 服务器收到客户端的连接请求后，如果愿意建立连接，它会发送一个 TCP 报文段作为响应。

(2) 服务器的响应中包含一个 SYN 标志位和一个 ACK 标志位。

(3) 服务器也会选择一个自己的初始序列号，并将客户端的初始序列号加 1 作为确认号，以表示它已经收到客户端的 SYN 报文段。

第三步　客户端确认连接响应。

(1) 客户端接收到服务器的响应后，它也会发送一个 TCP 报文段作为确认。

(2) 这个报文段包含一个 ACK 标志位，并将服务器的初始序列号加 1 作为确认号。

(3) 这一步表示客户端确认了服务器的连接响应。

完成了上述三个步骤后，TCP 连接就建立起来了，双方可以开始进行数据传输。这三次握手过程确保了通信的可靠性和正确性，因为双方都已确认对方准备好了，而且彼此的初始序列号已知，以便后续的数据传输按顺序进行，如图 1-16 所示。

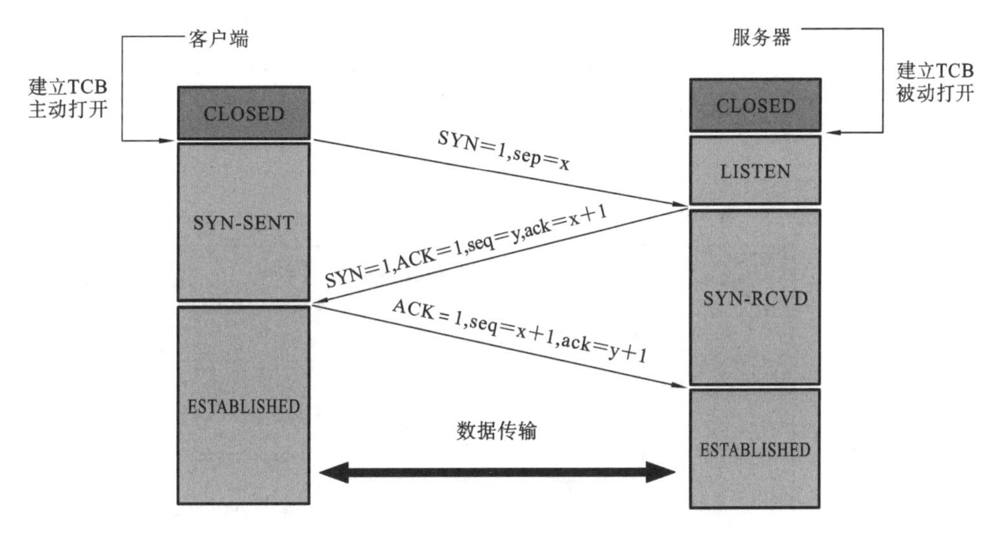

图 1-16　TCP 三次握手

在一些特殊情况下，可能会发生超时、连接中断或其他问题，需要进行额外的处理来保证连接的稳定性和可靠性。三次握手是建立 TCP 连接的标准过程，而关闭连接则需要四次挥手过程。

4. TCP 四次挥手

TCP 四次挥手是用于安全关闭 TCP 连接的过程。当通信的双方都完成数据传输后，

希望关闭连接时，需要经历以下四个步骤来确保连接的正常终止。

第一步　客户端发送连接终止请求。

(1) 客户端希望关闭连接，它发送一个 TCP 报文段，其中包含一个 FIN(Finish)标志位，表示它不再发送数据。

(2) 这个 FIN 报文段告知服务器客户端已经完成了数据传输，并请求关闭连接。

第二步　服务器响应并确认关闭请求。

(1) 服务器接收到客户端的 FIN 报文段后，它会发送一个 ACK 报文段作为响应，表示确认关闭请求。

(2) 服务器此时可能仍然发送一些剩余的数据给客户端，然后再关闭连接。

第三步　服务器发送连接终止请求。

服务器在完成数据传输后，也希望关闭连接。它发送一个 FIN 报文段给客户端，告知客户端服务器已经完成了数据传输，并请求关闭连接。

第四步　客户端响应并确认关闭请求。

客户端接收到服务器的 FIN 报文段后，它会发送一个 ACK 报文段作为响应，表示确认关闭请求。

此时，连接的关闭完成，双方都知道对方已经不会发送更多数据。

完成了上述四个步骤后，TCP 连接就安全地关闭了。四次挥手过程确保了在关闭连接之前，双方都能发送完任何剩余的数据，并通知对方关闭意图，从而避免了数据丢失和不确定性。四次挥手是关闭 TCP 连接的标准过程，用于确保连接的正常终止，如图 1-17 所示。

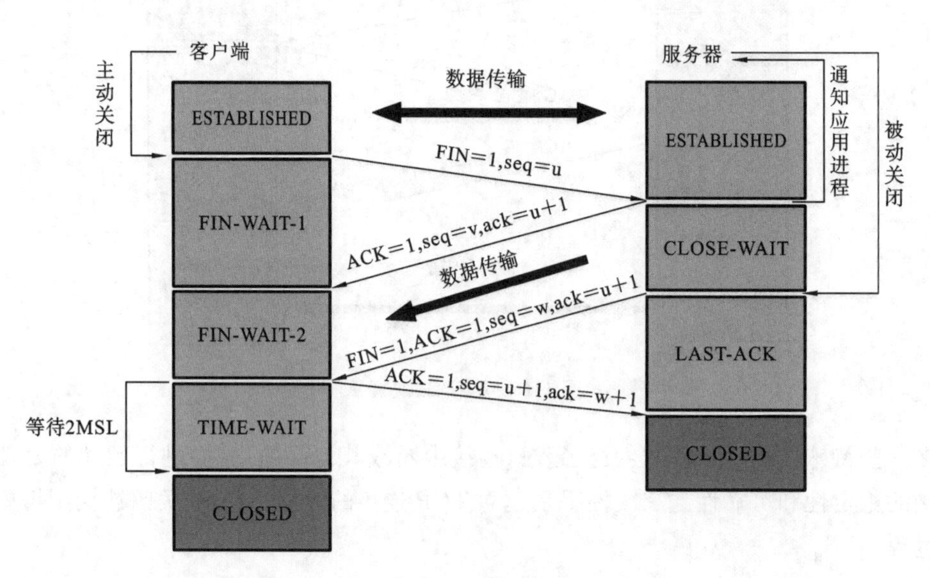

图 1-17　TCP **四次挥手**

基于 TCP 协议的应用层协议如表 1-2 所示。

表 1-2　基于 TCP 协议的应用层协议

端口号	协议	简要说明
25	SMTP	简单邮件传输协议，用于发送邮件
23	TELNET	远程登录协议，用于远程登录，通过连接目标终端，得到验证后远程控制管理目标终端
80	HTTP	超文本传输协议，用于超文本的传输
21	FTP	文件传输协议，用于文件的上传和下载
53	DNS	域名服务，DNS 在区域传输的时候使用 TCP，其他时候使用 UDP 协议
443	HTTPS	HTTPS 是以安全为目标的 HTTP 通道，简单讲是 HTTP 的安全版
110	POP3	用于支持使用客户端远程管理在服务器上的电子邮件
123	NTP	用来同步网络中各个计算机时间的协议
22	SSH	建立在应用层和传输层基础上的安全协议

5. UDP 协议

UDP(user datagram protocol，用户数据报协议)是一种用于在计算机网络上进行数据传输的传输层协议。UDP 是与 TCP 相对的协议，它具有一些独特的特点和用途。

(1) 面向无连接：UDP 是一种面向无连接的协议，这意味着在数据传输之前不需要建立连接。与 TCP 不同，它不进行握手过程和维护连接状态，因此更加轻量级。

(2) 不可靠性：UDP 不提供数据可靠性保证。它不处理数据包的丢失、重复或按顺序传递，这使得 UDP 更适合一些实时应用，如音频和视频传输，其中速度和低延迟更重要。

(3) 快速：由于不需要建立连接和维护状态，UDP 通常比 TCP 更快，适用于那些对速度要求较高的应用。

(4) 广播和多播：UDP 支持广播和多播，这意味着可以将数据包发送到多个接收者，而不需要分别发送给每个接收者。

(5) 适用于某些应用：UDP 适用于那些能够容忍一些数据丢失的应用，如音频和视频流、在线游戏、DNS 查询等。它还用于一些特定的网络协议，如 SNMP、TFTP(trivial file transfer protocol)等。

虽然 UDP 在某些情况下非常有用，但也存在一些限制，特别是对于需要可靠数据传输和数据完整性的应用程序。对于这些应用，通常使用 TCP 协议，因为它提供了更多的保障，但可能会引入更大的延迟。UDP 和 TCP 都有各自的用途，具体取决于应用程序的需求。

基于 UDP 的应用层协议如表 1-3 所示。

表 1-3　基于 UDP 的应用层协议

端口号	协议	简要说明
69	TFTP	简单文件传输协议，是在 UDP 之上建立一个类似于 FTP 的仅支持文件上传和下载功能的传输协议，所以它不包含 FTP 中的目录操作和用户权限等内容
67	DHCP	动态主机配置协议，为内部网络或网络服务供应商自动分配 IP 地址
161	SNHP	用来管理网络设备，由于网络设备很多，无连接的服务就体现出其优势
53	DNS	域名服务，DNS 在区域传输的时候使用 TCP，其他时候使用 UDP

1.4.4　子任务四：认识应用层

不同的网络应用的进程之间，需要有不同的通信规则。因此，在运输层协议之上，还需要有应用层协议。

1. 域名解析协议——DNS

DNS(domain name system)是一种用于将域名转换为 IP 地址的协议。它是互联网的基础性技术之一，使用户可以使用易记的域名(如 www. example. com)来访问互联网上的资源，而不需要记住复杂的 IP 地址(如 192.168.1.1)。

DNS 协议的关键特点和工作原理如下。

(1) 域名解析：DNS 的主要功能是将人类可读的域名映射到计算机网络中的 IP 地址。在浏览器中键入一个域名时，操作系统会使用 DNS 协议来查找该域名对应的 IP 地址，以便建立与目标服务器的连接。

(2) 分层结构：DNS 采用分层结构，由多个不同级别的域名服务器组成。根域名服务器位于顶层，负责管理顶级域名(如. com、. org、. net 等)，而下级域名服务器负责管理特定域名的 IP 地址。

(3) 递归查询和迭代查询：当设备需要解析域名时，它可以发起递归查询或迭代查询。递归查询是向本地 DNS 服务器请求解析域名，而本地 DNS 服务器可能会向更高级别的域名服务器发起迭代查询，直到找到域名的 IP 地址。

(4) DNS 缓存：为了提高查询效率，DNS 服务器通常会缓存已解析的域名和 IP 地址的映射关系。这样，当多个用户查询相同的域名时，可以从缓存中获取结果，而不需要每次都进行全新的查询。

2. 文件传输协议——FTP

FTP(file transfer protocol，文件传输协议)是一种用于在计算机网络上进行文件传输的标准协议。它允许用户将文件从一台计算机上传到另一台计算机(FTP 服务器)或从服务器下载文件。

FTP 通常用于以下场景。

(1) Web 开发：Web 开发人员经常使用 FTP 来将网站文件从本地计算机上传到 Web 服务器，以便发布网站或进行更新。

(2) 文件备份：FTP 可用于将文件从一台计算机传输到另一台计算机，以进行备份和存储。

(3) 文件共享：企业和个人可以使用 FTP 来共享文件，让其他人远程访问和下载这些文件。

(4) 远程管理：系统管理员可以使用 FTP 来管理远程服务器，包括上传和下载配置文件、日志文件等。

(5) 匿名 FTP：一些 FTP 服务器支持匿名 FTP，允许用户使用"anonymous"作为用户名，通常需要提供电子邮件地址作为密码。

3. 远程终端协议——TELNET

TELNET(telecommunication network，远程终端协议)是一种用于远程访问、管理计算机和网络设备的协议。它允许用户通过网络连接到远程计算机或服务器，并在远程主机上执行命令，就像直接坐在远程计算机前面一样。其工作流程如下：

(1) 建立与服务器的 TCP 连接；

(2) 从键盘上接收用户输入的字符；

(3) 把用户输入的字符串变成标准格式并发送给服务器；

(4) 从远程服务器接收输出的信息；

(5) 把该信息显示在用户的屏幕上。

总体来说，TELNET 协议是一个老式的远程终端协议，虽然它在远程管理计算机和网络设备方面提供了便利，但由于安全性问题，通常不建议在公共网络上使用。在安全性要求较高的情况下，SSH 等安全协议更为推荐，因为它们提供了加密和身份验证机制，以保护通信的安全性。

4. 超文本传送协议——HTTP

HTTP(hypertext transfer protocol，超文本传输协议)是一种用于在计算机之间传输超文本(即带有链接的文本)和多媒体内容的应用层协议。它是互联网上最常用的协议之一，用于在 Web 浏览器和 Web 服务器之间传递数据，实现网页的加载和互动。

5. 动态主机配置协议——DHCP

DHCP(dynamic host configuration protocol，动态主机配置协议)是一种网络协议，用于自动分配 IP 地址，以及将其他网络配置信息提供给连接到网络的设备，如计算机、手机、路由器等。DHCP 的主要目标是简化网络管理，减少手动配置的工作量。

DHCP 工作原理如下：

(1) 当设备连接到网络时，它发送一个 DHCP 请求到局域网中的 DHCP 服务器。

(2) DHCP 服务器接收请求后,为设备分配一个可用的 IP 地址,并提供其他网络配置信息,如子网掩码、默认网关、DNS 服务器地址等。

(3) 设备接收这些信息后,自动配置网络设置,使设备能够与网络通信。

(4) DHCP 服务器会维护 IP 地址池,以确保地址的有效分配和管理。分配的 IP 地址通常有一个租约时间,设备在租约到期前可以保留该地址,之后需要续租或重新分配。

DHCP 大大简化了网络管理,特别是在大型网络环境中,避免了手动分配和配置 IP 地址的烦琐工作。它提供了一种自动且高效的方式来管理 IP 地址和其他网络参数,确保网络设备可以轻松地连接到网络并获得必要的配置信息。

6. 电子邮件协议

电子邮件协议是一组用于发送、接收和管理电子邮件的通信规则和标准。它们确保电子邮件能够在不同的邮件客户端和邮件服务器之间进行交流,并实现电子邮件的可靠传递。

以下是一些主要的电子邮件协议。

(1) SMTP(simple mail transfer protocol):SMTP 是用于发送电子邮件的协议。当您发送电子邮件时,您的电子邮件客户端使用 SMTP 将邮件发送到邮件服务器,然后由邮件服务器将邮件传递给收件人的邮件服务器。

(2) POP3(post office protocol version 3):POP3 是用于接收电子邮件的协议。它允许电子邮件客户端从邮件服务器上下载电子邮件,通常是在接收方的计算机上存储邮件的协议。

(3) IMAP(internet message access protocol):IMAP 也是用于接收电子邮件的协议,但与 POP3 不同,它允许用户在邮件服务器上管理邮件,包括创建文件夹、标记已读和未读邮件等。IMAP 更适合那些需要在多个设备上同步邮件的用户。

(4) SMTPS、POP3S 和 IMAPS:这些是 SMTP、POP3 和 IMAP 的加密版本,通过 TLS/SSL 加密协议来保护电子邮件通信,以提高安全性。

(5) MIME(multipurpose internet mail extensions):MIME 是一种标准,用于在电子邮件中传输文本、图像、音频、视频等多媒体数据。它允许邮件客户端和邮件服务器理解和处理各种不同类型的附件。

1.5 任务三:认识华为 eNSP 模拟软件

本任务知识点

本任务主要介绍华为 eNSP 模拟器的安装以及简单的拓扑图创建,常用功能讲解。

各位同学,我们本学期的实验全部都是基于华为 eNSP 模拟软件来进行的。这个软件是由华为提供的可扩展的、图形化操作的网络仿真工具平台,主要对企业网络路由器、交换机进行软件仿真,完美呈现真实设备实景,支持大型网络模拟,让同学们有机会在没有真实设备的情况下模拟演练，学习网络技术。

那么接下来，我们就学习一下如何安装 eNSP 模拟软件。通过资源共享中心下载华为 eNSP 模拟软件的安装包，一共有四个，如图 1-18 所示。

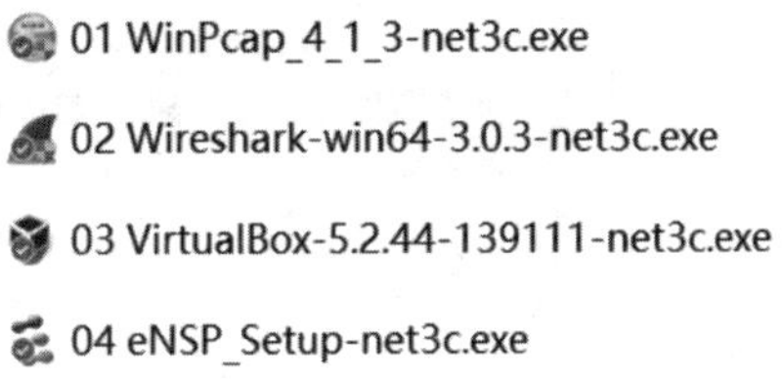

这四个安装文件里面，01 是模拟器依赖软件，02 是 Wireshark 抓包软件，03 是 VirtualBox 虚拟机，04 是 eNSP 模拟器本体。我们需要逐步对这四个软件进行安装。

01 WinPcap_4_1_3-net3c.exe

02 Wireshark-win64-3.0.3-net3c.exe

03 VirtualBox-5.2.44-139111-net3c.exe

04 eNSP_Setup-net3c.exe

图 1-18　安装文件

首先是 01 WinPcap_4_1_3-net3c.exe 依赖软件的安装，很多同学在安装的时候出现报错，原因是没有打开兼容性设置，打开兼容模式，如图 1-19 所示。在勾选了“以兼容模式运行这个程序”选项以后，单击“确定”按钮，然后用管理员身份运行，全部默认安装，不用选择安装路径。

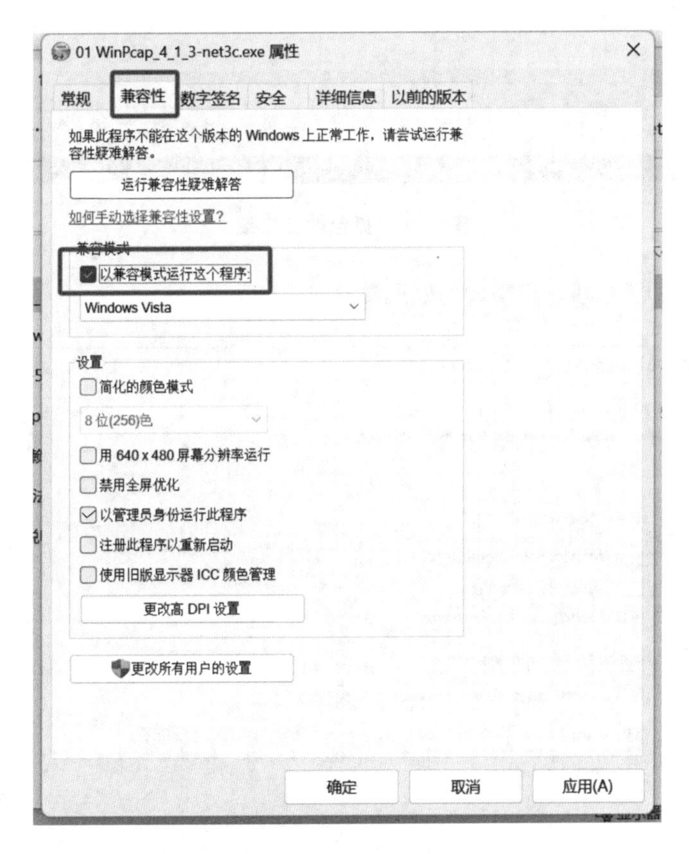

图 1-19　依赖软件安装

接下来是安装 02 Wireshark-win64-3.0.3-net3c.exe 抓包软件，这是一款非常强大的工具，可以帮助我们分析数据包。02 Wireshark-win64-3.0.3-net3c.exe 抓包软件的安装非常简单，只需要右键单击并以管理员方式运行即可，请自行选择安装目录，所有安装都是默认选项，如图 1-20 所示。

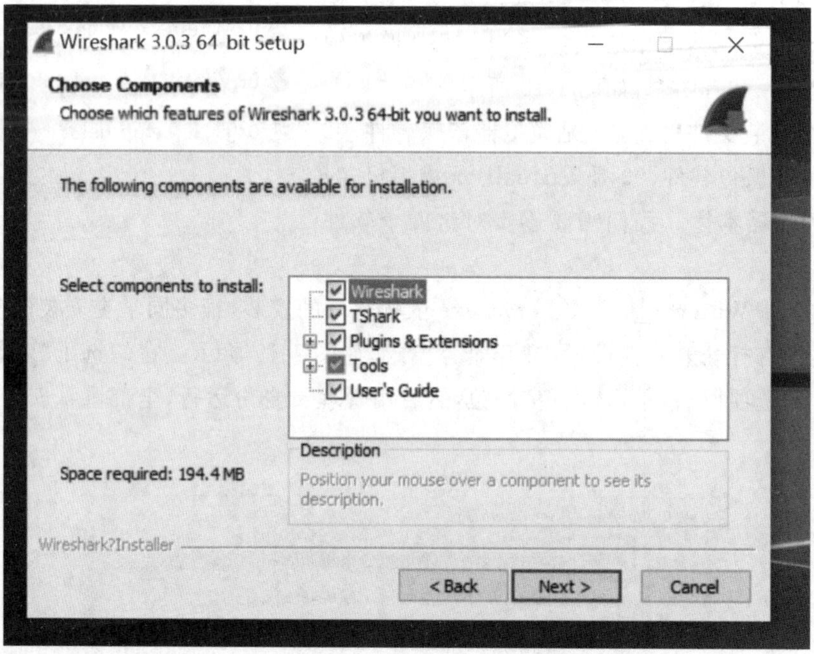

图 1-20　抓包软件安装 1

这里默认选择即可，单击“Next”按钮，如图 1-21 所示。

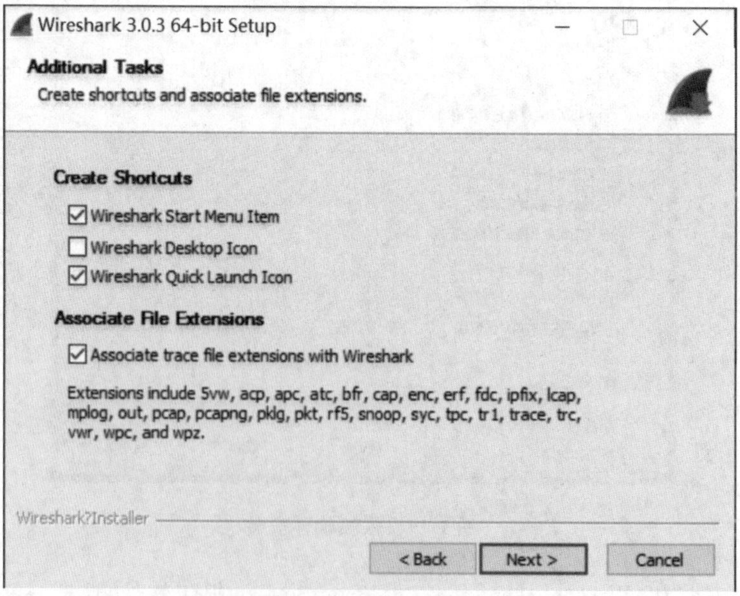

图 1-21　抓包软件安装 2

一定要确保“Install Npcap 0.995”勾选上，单击“Next”按钮，如图 1-22 所示。

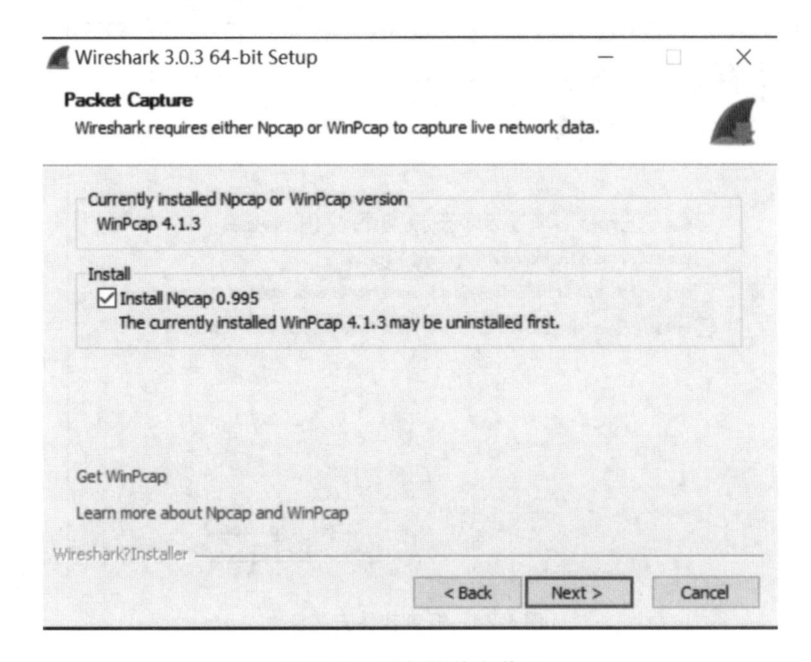

图 1-22　抓包软件安装 3

在 Wireshark 安装的过程中，会弹出这个依赖软件，单击“I Agree”按钮，如图 1-23 所示。

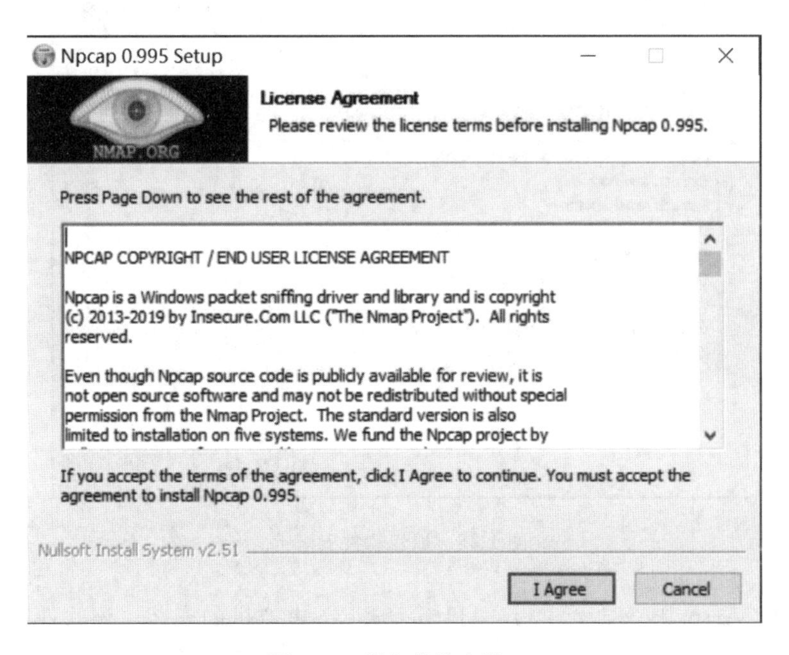

图 1-23　抓包软件安装 4

默认选择安装，单击“Install”按钮，如图 1-24 所示。

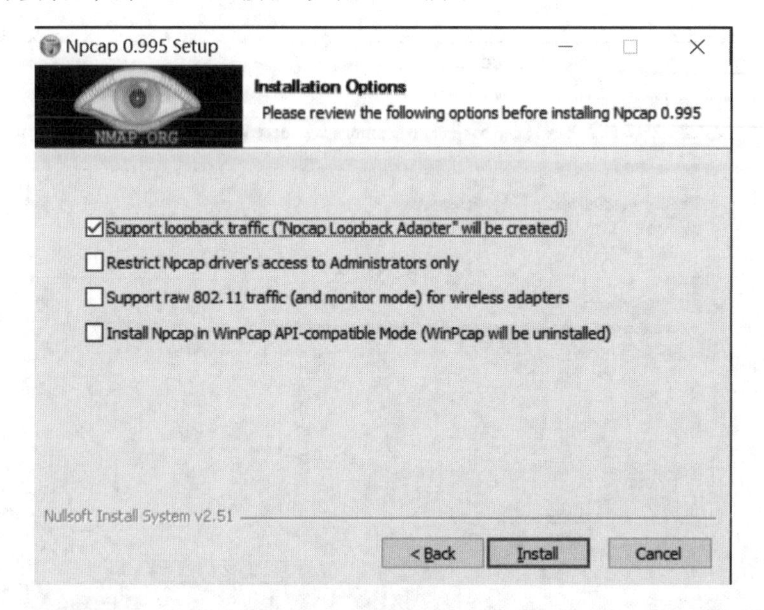

图 1-24　抓包软件安装 5

单击“Next”按钮，完成安装，如图 1-25 所示。

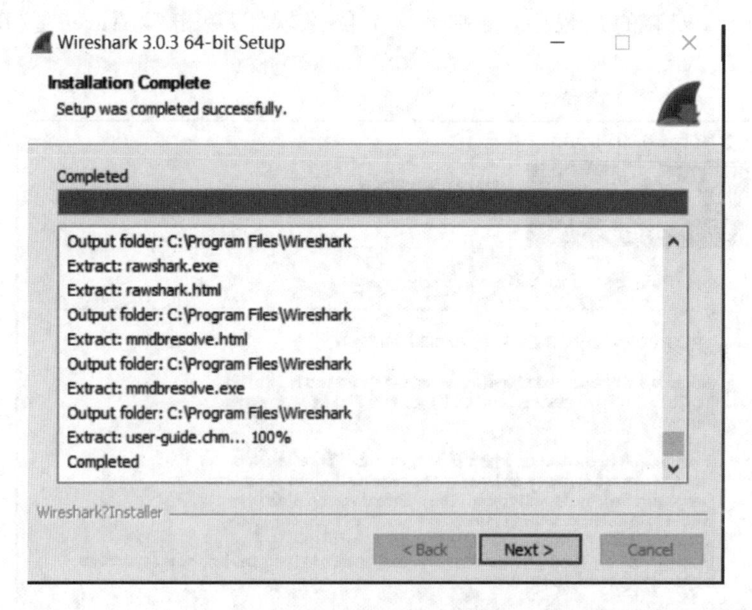

图 1-25　抓包软件安装 6

然后是 03 VirtualBox-5.2.44-139111-net3c.exe 虚拟机的安装。该软件是 eNSP 模拟器的核心，华为的路由器和交换机等操作系统都是运行在这上面的。右键选择管理员方式运行，然后自行选择安装目录。在弹出来的窗口单击“安装”按钮即可，如图 1-26 所示。

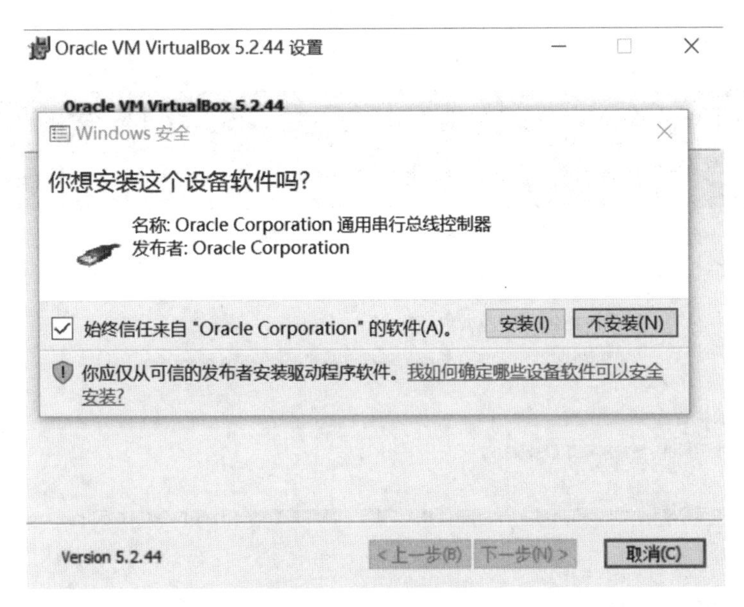

图 1-26　虚拟机安装

在安装 03 VirtualBox-5.2.44-139111-net3c.exe 的过程中，会弹出安装串行总线控制器的提示，这里单击“安装”按钮。

最后是 04 eNSP_Setup-net3c.exe 模拟器本体的安装，依然是右键管理员方式运行，选择安装目录，如图 1-27、图 1-28 所示。需要注意的是，在安装完成以后会弹出是否允许通过防火墙，这里一定要选择允许。

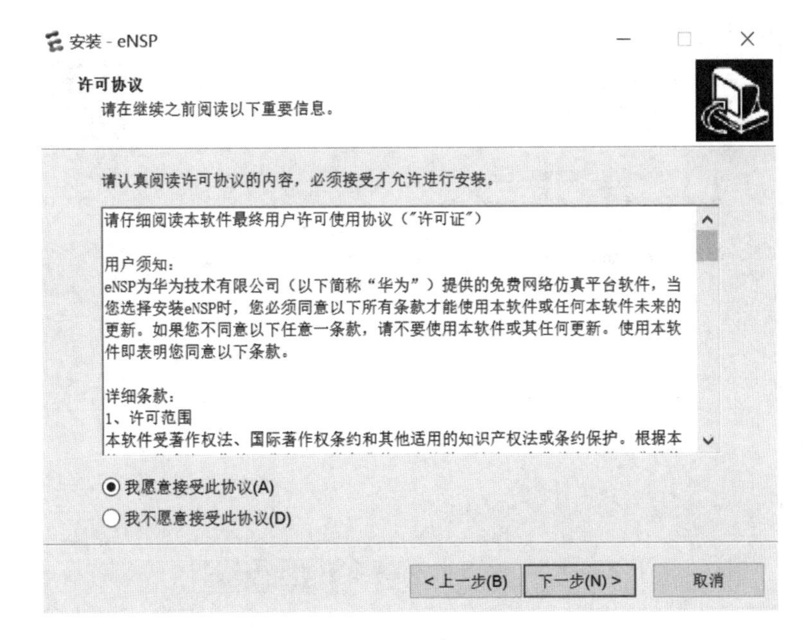

图 1-27　模拟器本体安装 1

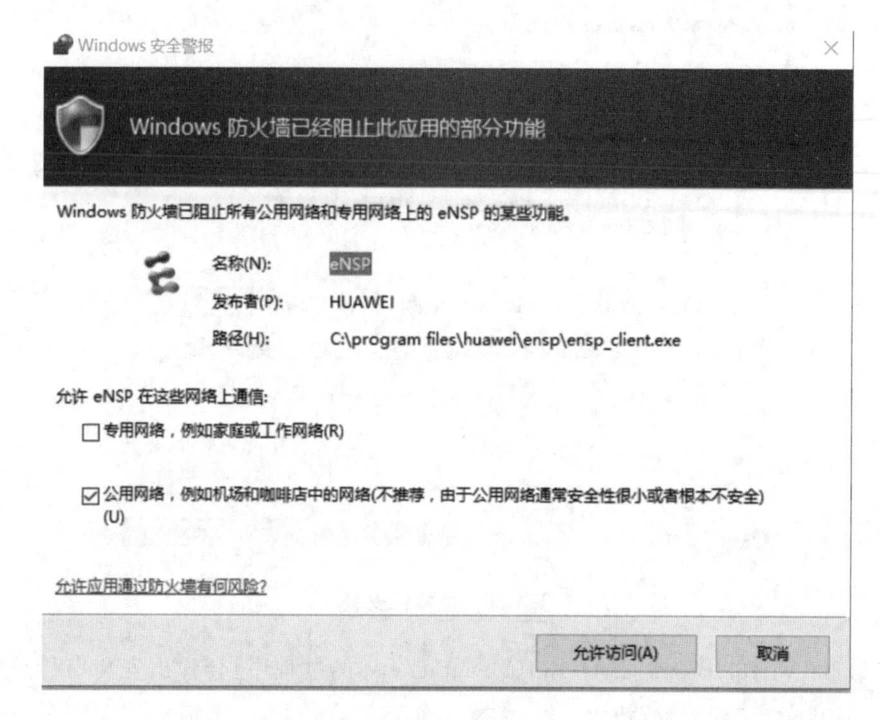

图 1-28　模拟器本体安装 2

若已成功安装了 WinPcap、Wireshark、VirtualBox 这三个前置软件，在安装 eNSP 软件本体的时候会自动进行检测，满足要求即可单击“下一步”按钮，如图 1-29、图 1-30 所示。

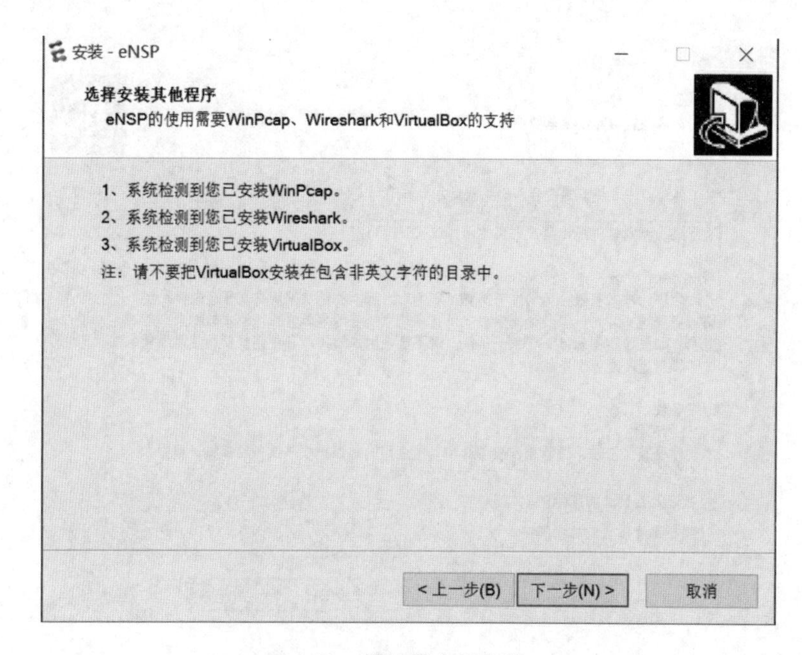

图 1-29　模拟器本体安装 3

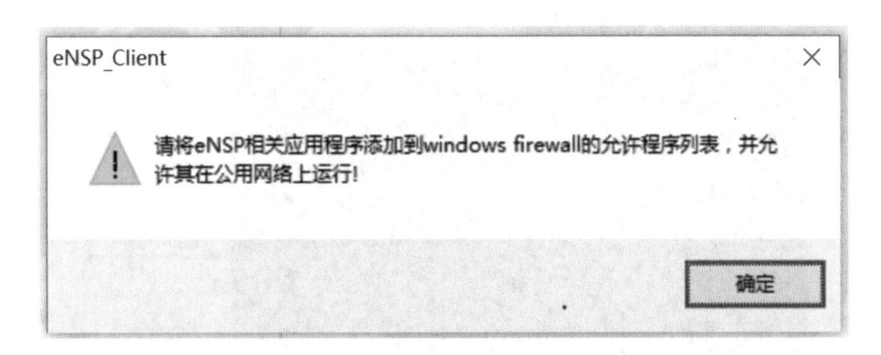

图 1-30 模拟器本体安装 4

记住，安装好 eNSP 软件以后，弹出来的所有关于防火墙的提示都一定要单击“允许访问”按钮，这是为了让本机防火墙放行相关的流量。

接下来就可以进入 eNSP 模拟软件的主界面了。eNSP 是一款华为研发的非常强大的模拟软件，我们可以用这个模拟器进行实验，学习相关的网络知识。在进入这个软件的时候，我们还需要完成最后一步——注册任务。单击右上角的“菜单”，选择“工具”→“注册设备”。将所有设备前面的括号勾选上，然后进行注册，当提示注册成功以后，就可以进入网络工程师的世界了，如图 1-31、图 1-32 所示。

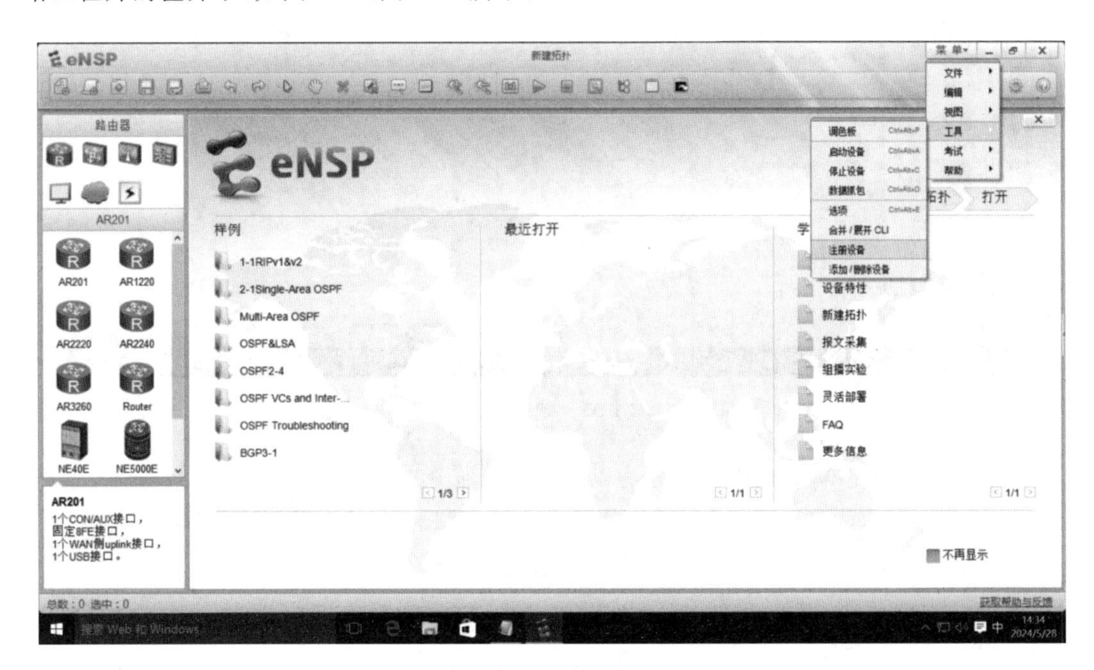

图 1-31 注册界面 1

上面所有的步骤完成后，大家就可以进入 eNSP 模拟软件。首先映入眼帘的是模拟软件的主界面，如图 1-33 所示。

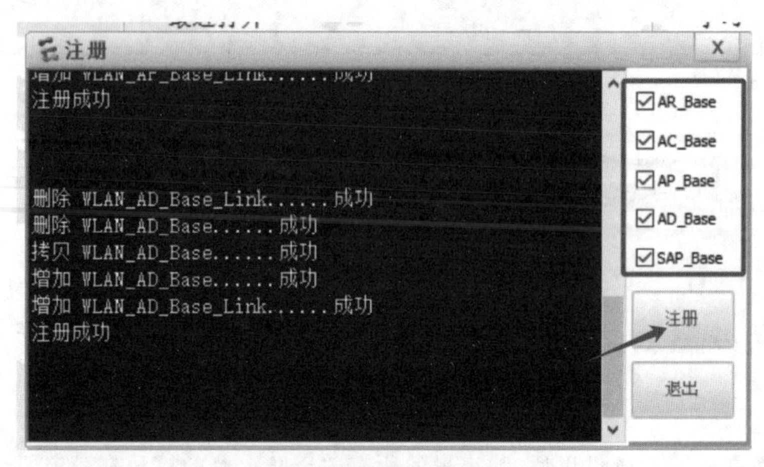

图 1-32　注册界面 2

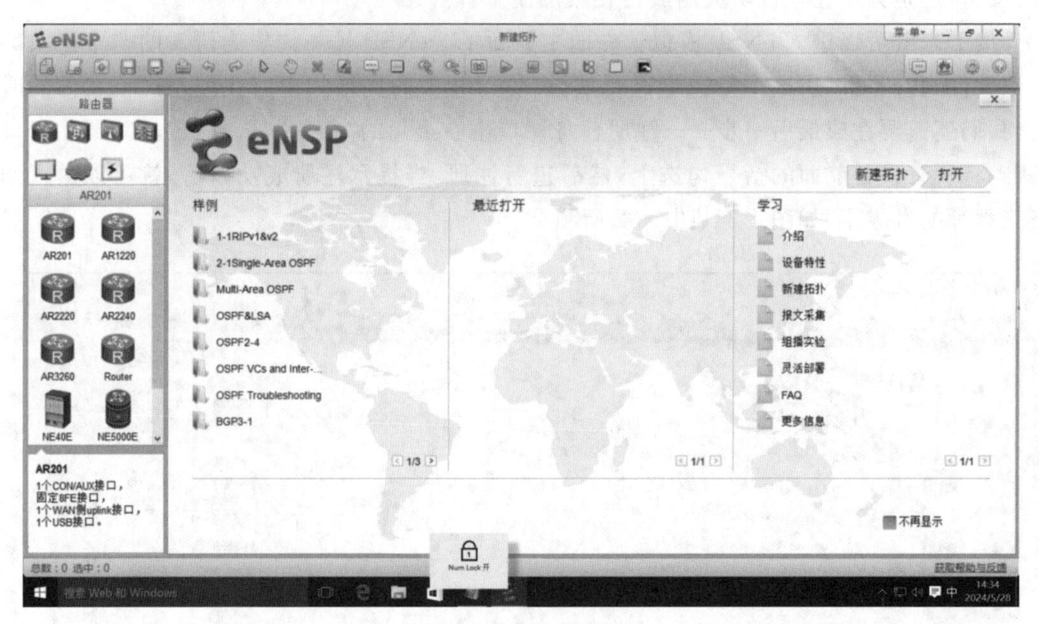

图 1-33　软件界面

接下来，我们将 eNSP 模拟软件分为以下几个区域分别进行介绍，如图 1-34 所示。

(1) 控制栏界面：该区域主要功能是对 eNSP 界面进行控制，以帮助我们对拓扑图进行设置。在这一栏里面，从左到右有以下几个按钮。

● 新建拓扑，进入软件以后通常首先单击该按钮，可以迅速新建一张空白的拓扑界面。

● 新建试卷工程，eNSP 软件的测试按钮，可以新建试卷，对学生进行考试。

● 打开按钮，可以打开我们已经保存的拓扑图。

● 保存与另存为按钮，用于保存文件。

图 1-34　软件界面分区示意图

● 打印按钮，将拓扑图打印出来。

● 撤销与恢复按钮。

● 恢复鼠标按钮，如果在绘制拓扑图时鼠标不见了，可以单击此图标进行恢复。

● 拖动按钮，可以整体拖动拓扑图。

● 删除按钮，左边可以删除某一个设备或连线，右边是删除所有连线。

● 文本和调色板，可以输入文字，绘制图案，划分区域。

● 放大或缩小按钮。

● 重设按钮，绘制拓扑图出现了比例不正确时可以单击该按钮。

● 开启和关闭设备按钮，在绘制完拓扑图后，可以单击“开启”按钮以启动所有设备，若实验完成，则单击“关闭”按钮。

● 数据抓包按钮，这是非常重要的按钮，可以帮助我们使用 Wireshark 软件进行数据抓包分析。

● 显示接口按钮，默认情况下网络设备连接好线以后是不显示接口编号的，强烈建议大家打开这个按钮。

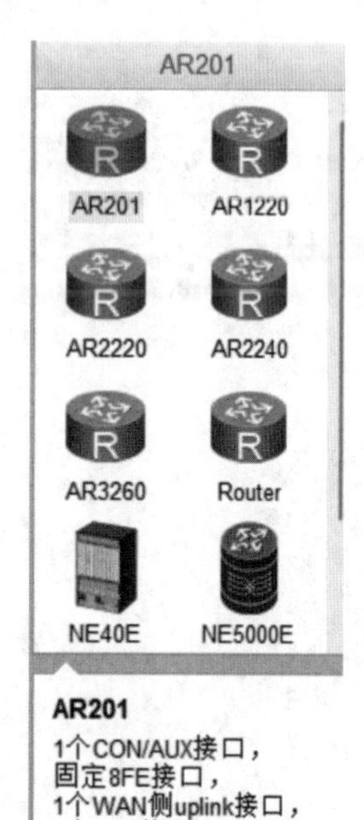

图 1-35　网络设备型号选择界面

- 显示网格按钮，可以帮助我们在绘制拓扑图时估计距离。
- 打开所有 CLI 按钮，CLI 是命令输入窗口，我们可以单击这个按钮打开所有设备的命令输入窗口。

(2) 设置界面。该界面分别是论坛、官网、设置和帮助，此处就不详细介绍了。

(3) 网络设备类型选择。

在这个界面，我们可以按类选择网络设备，这里面的网络设备有：路由器、交换机、无线局域网、防火墙、终端、其他设备、设备连线。例如，我们需要选择一台路由器和一台交换机，首先单击路由器大类，选择所需要的路由器型号，然后选择交换机大类，最后选择交换机型号即可。

(4) 网络设备型号选择。

该区域为网络设备具体型号，如路由器，有图 1-35 所示的种类。AR201 为华为低端路由器，AR1220、AR2220、AR2240、AR3260 为华为的中高端路由器，Router 为保留设备不常使用，NE40E 和 NE5000E 则为华为的高端核心路由器。选择什么样的网络设备，需要根据具体的实验来选择。

(5) 拓扑图绘制。

绘制拓扑图时，一定要记得保存我们的文件，以便实验未做完下次继续做。首先单击新建拓扑图，得到一个空白区域，如图 1-36 所示。

图 1-36　新建拓扑图 1

然后单击路由器大类，选择 AR2220 路由器一台并进行拖曳，就可以直接拖入拓扑图中，如图 1-37 所示。

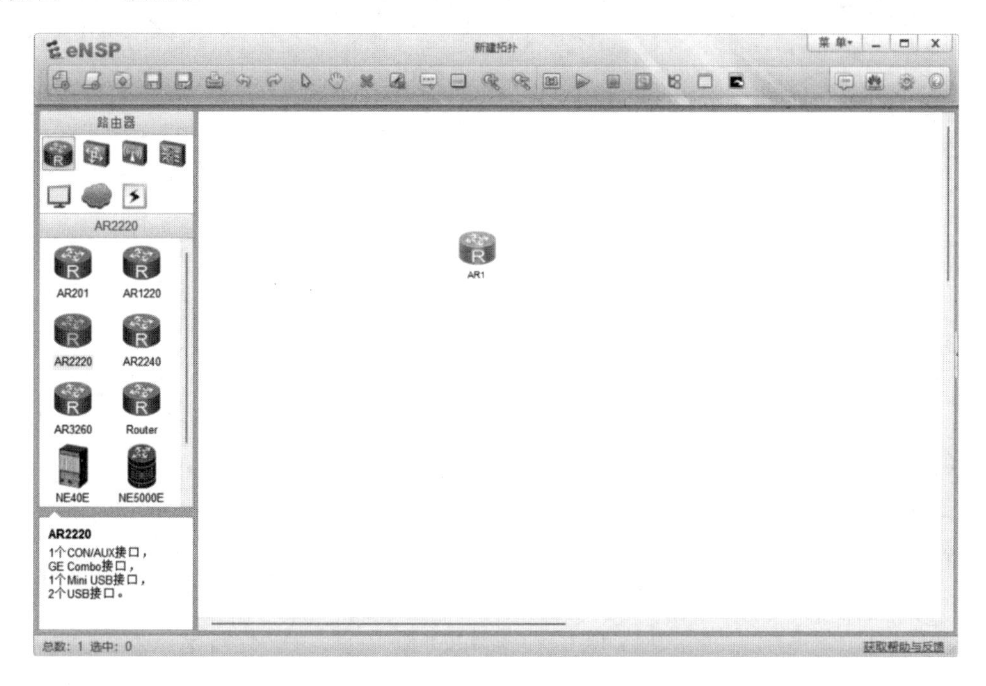

图 1-37　新建拓扑图 2

接下来再选择一台 S5700 交换机，并拖入拓扑图，如图 1-38 所示。

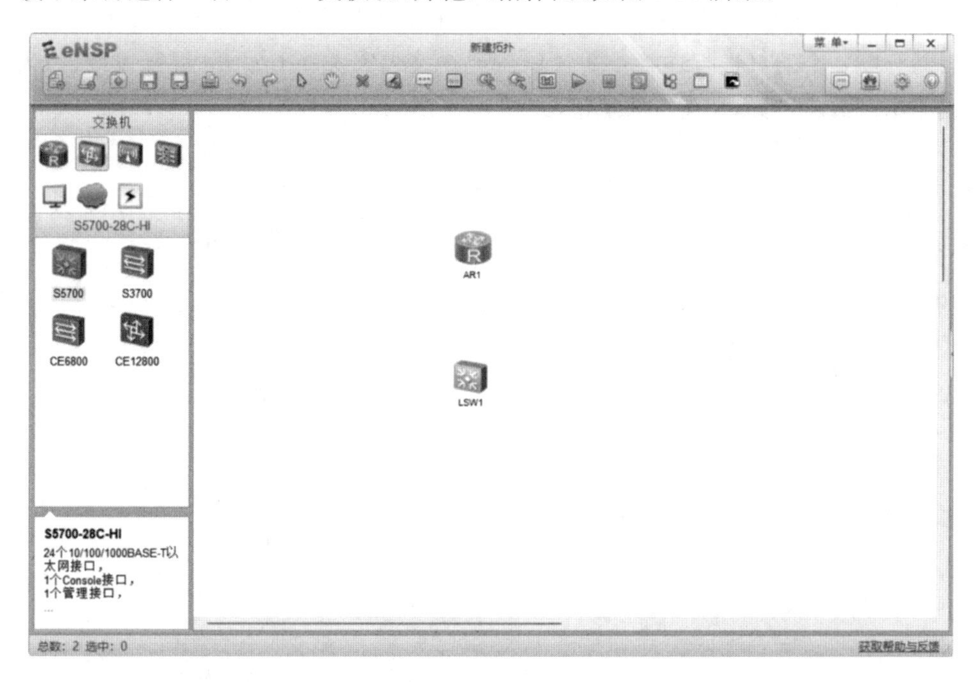

图 1-38　新建拓扑图 3

路由器和交换机都有了，那么最后拖入一台终端PC，如图1-39所示。

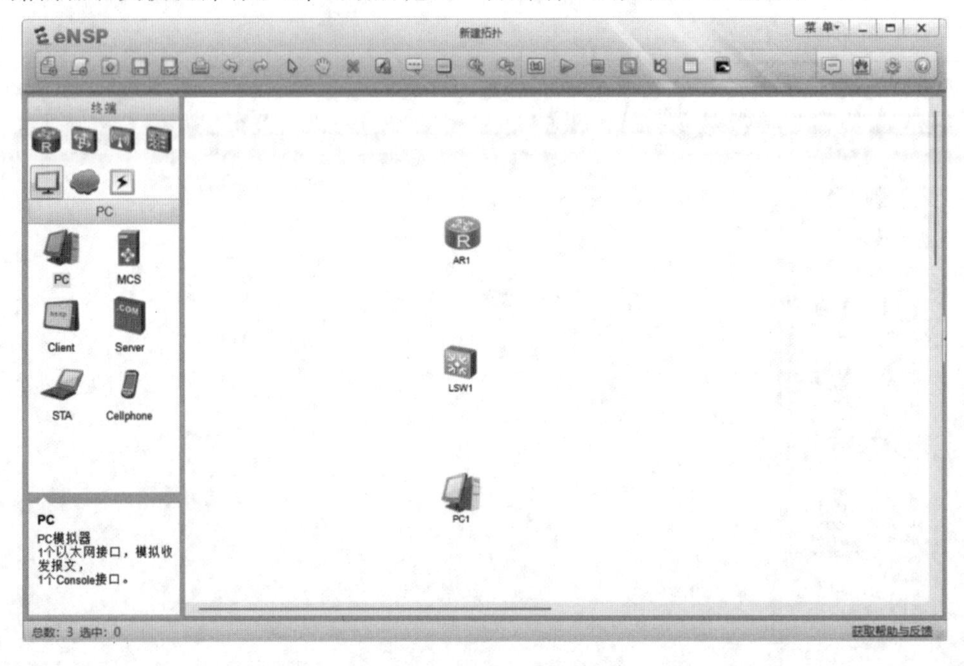

图1-39　新建拓扑图4

最后一步就是设备连线。eNSP模拟软件可以模拟非常多种类的设备连线，如双绞线、光纤、console线等。实验中用到什么连线，需要根据具体的实验来选择。这里选择设备连线——Copper。Copper的意思是自己选择需要连接哪个端口，如果选择Auto的话，软件就会自动分配一个端口进行连接。在这里强烈建议大家选择Copper进行连接，因为很多时候网络出现故障，可能是连线的问题，如图1-40所示。

图1-40　设备连线示意图

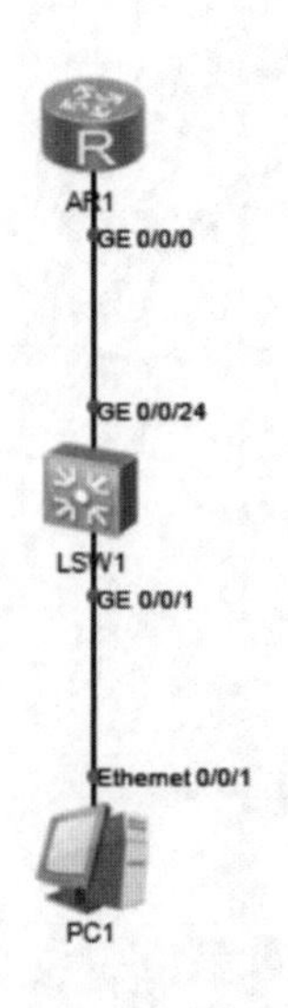

图1-41　新建拓扑图5

设备连线完成，那么接下来需要将路由器、交换机和终端 PC 连接起来。

路由器的 GE 0/0/0 连接到交换机的 GE 0/0/24 端口，交换机的 GE 0/0/1 连接终端 PC，最终连接结果如图 1-41 所示。

至此，我们已经学会如何创建一个拓扑图了，随着学习的不断深入，拓扑图会越来越复杂，不过相信再复杂的网络拓扑图，也不会难倒同学们。

1.6 【扩展阅读】

互联网起源于美国，因此美国在 IPv4 地址、技术、产业、应用方面占据着垄断地位。但是，随着 IPv6 的逐渐推广，我国建设网络强国迎来了难得的机遇。我国积极应对挑战，推动基于 IPv6 的网络建设，引导并鼓励学生要勇往直前、敢于担当、迎难而上，共同努力将我国建设成为一个网络强国。

从 IPv4 向 IPv6 的发展过程中，我国从零开始赶上了世界的步伐。在 IPv6 体系内，全世界部署 25 台 DNS 根服务器，其中 3 台主根分别位于中国、美国、日本，我国拥有 1 台主根和 3 台辅根，主根服务器位于北京，辅根服务器分别位于上海、成都和广州。根域名服务器作为互联网的核心系统和关键基础设施，对国家信息化具有重要意义。通过理解域名系统结构，帮助学生以辩证、战略的思维理解网络域名服务对于国家信息化的重要性。

另外，通过介绍 ARP 协议的发展历史与原理，展示我国在网络通信协议方面曾经较为薄弱，甚至经常受到国外黑客攻击。这促使我们认识到加强网络安全防护的紧迫性，激励学生不断自我提升，努力学习网络安全知识，增强维护国家网络安全的使命感和责任心。

1.7 【项目总结】

通过本章的学习，同学们应该对网络技术有了一定的了解，明白了通信的基本原理，以及计算机网络通信的一些概念和定义。

项目二：网络交换技术实战

2.1 【项目介绍】

二层网络交换技术作为网络通信技术的重要组成部分，对于提高网络传输效率、优化网络结构具有重要意义。本项目中，你可以学到二层网络的基本概念，认识交换机并进行配置交换机的相关实验。深入理解和掌握二层交换技术的基本原理和应用方法，为未来的职业发展奠定坚实的基础。

2.2 【学习目标】

【知识目标】

1. 了解交换机的工作原理。
2. 了解交换机划分 VLAN 的工作原理。
3. 了解生成树的工作原理。
4. 了解二层数据帧的结构。

【技能目标】

1. 会区分交换机的种类。
2. 会基于端口来对交换机进行 VLAN 划分。
3. 会配置生成树协议。
4. 会 VLAN 的高级应用。
5. 会使用交换机配置小型局域网络。

【素质目标】

1. 了解国产交换机的发展历程。

2. 了解自主可控的重要性。

2.3 任务一：认识交换机

按照网络构成方式来划分的话，交换机可以分为：接入层交换机、汇聚层交换机和核心层交换机。

按照 OSI 模型来划分的话，交换机可以分为：二层交换机、三层交换机和四层交换机。

按照硬件形态来划分的话，交换机可以分为：盒式交换机和机架式交换机（见图 2-1）。

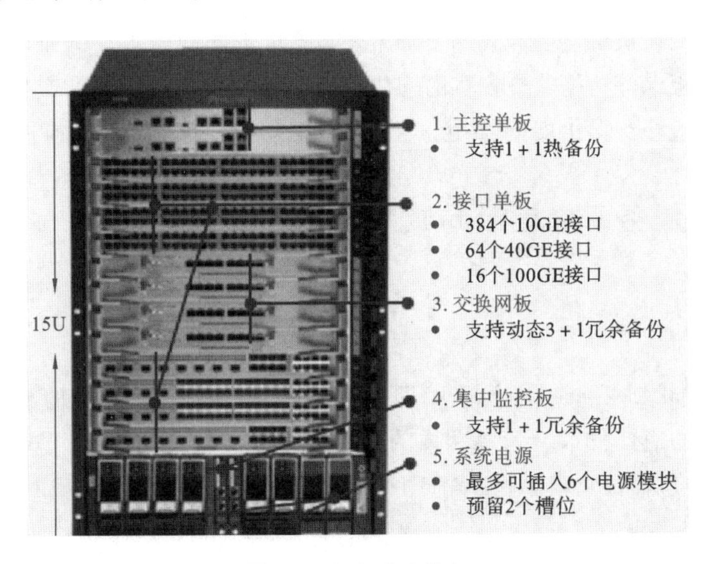

图 2-1 机架式交换机

盒式交换机是一种有固定端口数，有时也会带有少量扩展槽的交换机。

机架式交换机是一种插槽式的交换机，这种交换机扩展性较好，可支持不同的网络类型，以及支持更大端口密度的网络。

工程师提示

一般在数据中心的接入层都会采用盒式交换机，有的盒式交换机支持二层功能，有的支持三层功能，但是以支持二层功能为主。在数据中心的汇聚、核心出口都会采用机架式交换机。与盒式交换机相比，机架式交换机都支持三层功能，需要关注更多的关键参数。同时，在配置数据中心交换机的时候，应当优先选用国产品牌，如华为、华三、锐捷等公司生产的产品。国产品牌的技术性能远超国外品牌，并且还具备自主知识产权，能够有效保护数据中心的数据安全性。

机架交换机的硬件组成如下。

(1) 机框:可以理解成一个载体,承载着所有的模块。

(2) 主控板卡:这是整个交换机中的核心,一些稍微高端一点的交换机都配备了双主控板。

(3) 扩展板卡:扩展板的种类非常多,如48口千兆电口版、24口万兆光口版等,这些都是按照需求去使用。

(4) 电源:这是供电模块,一般情况下一台机架式交换机最少配备两个电源模块扩展槽,但具体配置多少个电源视需求而定。

一般机架式交换机都会提供多种扩展槽,以应对不同的需求。例如,主控板用的槽位就不能安装交换板卡等。框式交换机的槽位一般分为主控槽、业务槽、交换槽等,业务槽就是安装一些如无线控制器扩展卡、路由扩展卡等,交换槽就只能安装交换板卡。

2.4 任务二:虚拟局域网技术

本任务知识点

定义:

VLAN(virtual local area network)即虚拟局域网,是将一个物理的LAN在逻辑上划分成多个广播域的通信技术。VLAN内的主机间可以直接通信,而VLAN间的主机不能直接通信,从而将广播报文限制在一个VLAN内。

目的:

以太网是一种基于CSMA/CD(carrier sense multiple access/collision detection)的共享传输介质的数据网络通信技术。当主机数目较多时会导致冲突严重、广播泛滥、性能显著下降甚至造成网络不可用等问题。通过交换机实现LAN互联虽然可以解决冲突严重的问题,但仍然不能隔离广播报文和提升网络质量。

在这种情况下出现了VLAN技术,这种技术可以把一个LAN划分成多个逻辑的VLAN,每个VLAN是一个广播域,VLAN内的主机间通信就和在一个LAN内一样,而VLAN间的主机则不能直接互通,这样广播报文就被限制在一个VLAN内。

作用:

限制广播域:广播域被限制在一个VLAN内,节省了带宽,提高了网络处理能力。

增强局域网的安全性:不同VLAN内的报文在传输时是相互隔离的,即一个VLAN内的用户不能和其他VLAN内的用户直接通信。

提高了网络的健壮性:故障被限制在一个VLAN内,本VLAN内的故障不会影响其他VLAN的正常工作。

灵活构建虚拟工作组:用VLAN可以划分不同的用户到不同的工作组,同一工作组的用户也不必局限于某一固定的物理范围,网络构建和维护更方便灵活。

如图 2-2 所示，在没有划分 VLAN 的网络中，若技术部 PC1 需要向技术部 PC2 发送数据，那么根据交换机的转发原理，交换机会将数据转发至所有在其接口下的 PC，因此财务部的 PC 均能收到该广播数据包。在现实网络环境中会严重消耗交换机性能，因此这种情况我们是不允许发生的。

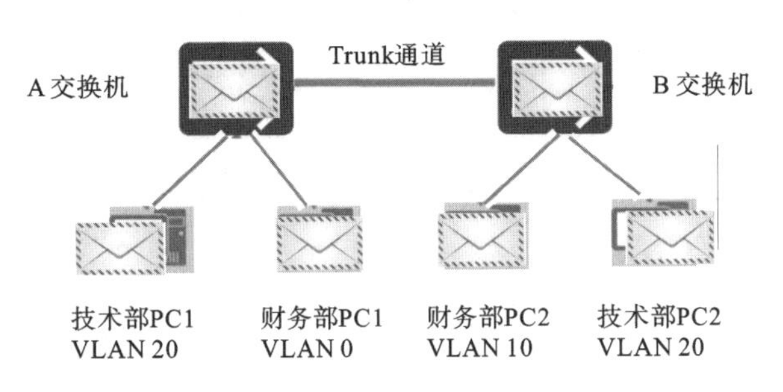

图 2-2　未划分 VLAN 的数据广播

如图 2-3 所示，在划分了 VLAN 的网络中，技术部 PC1 发送的数据只会被交换机转发到相同的 VLAN 中，因此有效地减少了广播风暴和流量，改善了二层数据帧混乱的情况。

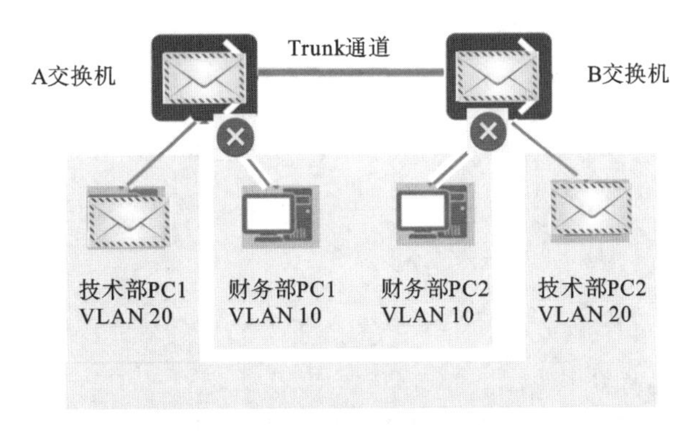

图 2-3　划分 VLAN 的数据广播

工程师提示

在实验环境中，实验流量较小，部分同学感觉 VLAN 作用不大，但在现实网络环境中，存在大量的广播数据包，若不对其进行 VLAN 隔离划分，将会对交换机性能造成极大的负担，导致交换机转发性能下降，影响整个网络的数据通信体验。同学们在划分 VLAN 的时候，需要注意分析 VLAN 数据包的构成，了解其数据帧格式，明白交换机为什么可以通过划分 VLAN 进行广播流量的隔离。

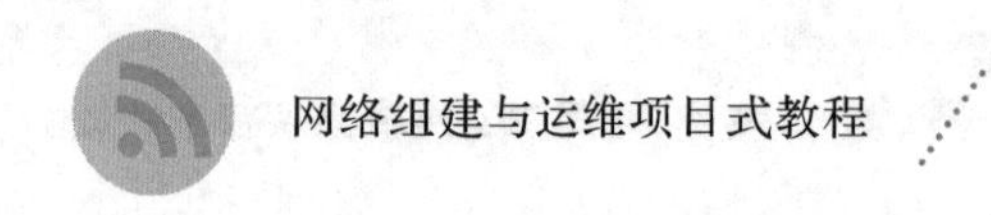

2.4.1 子任务一：基于端口的交换机 VLAN 划分任务

实验工单卡

<table>
<tr><td>实训名称</td><td></td><td>推荐工时</td><td>45 分钟</td></tr>
<tr><td>日期</td><td></td><td>地点</td><td></td></tr>
<tr><td>指导老师</td><td></td><td>实训成绩</td><td></td></tr>
<tr><td>学生姓名</td><td></td><td>班级</td><td></td></tr>
<tr><td colspan="4">实训目的：</td></tr>
<tr><td colspan="4">拓扑设计：</td></tr>
<tr><td colspan="4">设备配置关键命令：</td></tr>
<tr><td colspan="4">实训结果：</td></tr>
</table>

背景描述

××公司是一家上市公司，公司规模较大，部门众多，由于业务发展，新购买了一台交换机作为接入交换机，用作内部三个部门进行网络接入。但由于部门太多，需要对广播流量进行削减，以保障网络正常。

创建拓扑

使用 eNSP 软件，以及一台交换机 S5700、6 台 PC，并将其连接，如图 2-4 所示。

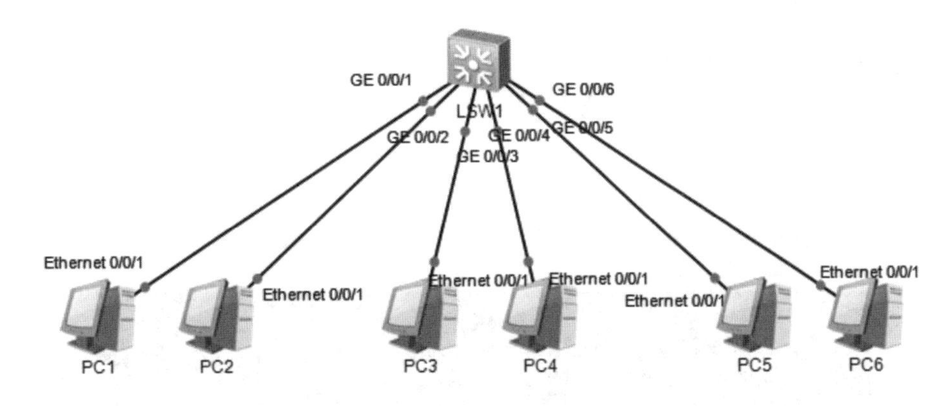

图 2-4　基于端口的交换机 VLAN 划分

任务要求

6 台 PC 均使用同网段的 IP 地址，PC1 和 PC2 划分至同一 VLAN，PC3 和 PC4 划分至同一 VLAN，PC5 和 PC6 划分至同一 VLAN。

PC1 的 IP 地址配置：192.168.1.1/24；

PC2 的 IP 地址配置：192.168.1.2/24；

PC3 的 IP 地址配置：192.168.1.3/24；

PC4 的 IP 地址配置：192.168.1.4/24；

PC5 的 IP 地址配置：192.168.1.5/24；

PC6 的 IP 地址配置：192.168.1.6/24。

使用如下命令配置交换机

修改交换机名称：

```
<Huawei>system-view
[Huawei]sysname SW1
```

创建 VLAN 10、VLAN 20、VLAN 30：

```
[SW1]vlan batch 10 20 30
```

查看创建的 VLAN：

```
[SW1]dis vlan
```

配置接口组模式：

```
[SW1]port-group group-member GigabitEthernet0/0/1 to GigabitEthernet0/0/2
```

[SW1-port-group]port link-type access
[SW1-port-group]port default vlan 10
[SW1]port-group group-member GigabitEthernet0/0/3 to GigabitEthernet0/0/4
[SW1-port-group]port link-type access
[SW1-port-group]port default vlan 20
[SW1]port-group group-member GigabitEthernet0/0/5 to GigabitEthernet0/0/6
[SW1-port-group]port link-type access
[SW1-port-group]port default vlan 30

查看是否将需要的端口划入对应 VLAN：

[SW1]dis vlan

从图 2-5 可以看到，交换机的 g0/0/1 和 g0/0/2 端口被划分至 VLAN 10 中，g0/0/3 和 g0/0/4 端口被划分至 VLAN 20 中，g0/0/5 和 g0/0/6 端口被划分至 VLAN 30 中。

```
VID  Type    Ports
-------------------------------------------------------------------------------
1    common  UT:GE0/0/7(D)      GE0/0/8(D)      GE0/0/9(D)      GE0/0/10(D)
                GE0/0/11(D)     GE0/0/12(D)     GE0/0/13(D)     GE0/0/14(D)
                GE0/0/15(D)     GE0/0/16(D)     GE0/0/17(D)     GE0/0/18(D)
                GE0/0/19(D)     GE0/0/20(D)     GE0/0/21(D)     GE0/0/22(D)
                GE0/0/23(D)     GE0/0/24(D)

10   common  UT:GE0/0/1(U)      GE0/0/2(U)

20   common  UT:GE0/0/3(U)      GE0/0/4(U)

30   common  UT:GE0/0/5(U)      GE0/0/6(U)


VID  Status  Property      MAC-LRN Statistics Description
```

图 2-5　查看 VLAN 划分 1

实验测试

使用 ping 命令测试 PC1 和 PC2 的连通性，如图 2-6 所示。

```
Welcome to use PC Simulator!

PC>ping 192.168.1.2

Ping 192.168.1.2: 32 data bytes, Press Ctrl_C to break
From 192.168.1.2: bytes=32 seq=1 ttl=128 time=47 ms
From 192.168.1.2: bytes=32 seq=2 ttl=128 time=47 ms
From 192.168.1.2: bytes=32 seq=3 ttl=128 time=47 ms
From 192.168.1.2: bytes=32 seq=4 ttl=128 time=47 ms
From 192.168.1.2: bytes=32 seq=5 ttl=128 time=47 ms

--- 192.168.1.2 ping statistics ---
  5 packet(s) transmitted
  5 packet(s) received
  0.00% packet loss
  round-trip min/avg/max = 47/47/47 ms

PC>
```

图 2-6　测试连通性 1

从图 2-6 可以看出，由于 PC1 和 PC2 属于同一 VLAN，因此它们之间的通信不会被隔离，依然能够正常进行数据交换。

实验结果

使用 ping 命令测试 PC1 和 PC3、PC5 的连通性，如图 2-7、图 2-8 所示。

```
PC>ping 192.168.1.3

Ping 192.168.1.3: 32 data bytes, Press Ctrl_C to break
Request timeout!
Request timeout!
Request timeout!
Request timeout!
Request timeout!

--- 192.168.1.3 ping statistics ---
  5 packet(s) transmitted
  0 packet(s) received
  100.00% packet loss

PC>
```

图 2-7　测试连通性 2

```
PC>ping 192.168.1.5

Ping 192.168.1.5: 32 data bytes, Press Ctrl_C to break
From 192.168.1.1: Destination host unreachable
From 192.168.1.1: Destination host unreachable
From 192.168.1.1: Destination host unreachable
From 192.168.1.1: Destination host unreachable
From 192.168.1.1: Destination host unreachable

--- 192.168.1.5 ping statistics ---
  5 packet(s) transmitted
  0 packet(s) received
  100.00% packet loss

PC>
```

图 2-8　测试连通性 3

从图 2-7、图 2-8 可以看出，由于 PC1 和 PC3、PC5 属于不同 VLAN，因此即使是同一网段的 IP 地址，它们依然无法互相访问，这也验证了虚拟局域网的作用。

工程师提示

VLAN隔离的原理实际上是限制了广播数据包，PC1在发送ping命令数据包时，都会发送一个ARP广播请求，只有在同一VLAN区域内的PC才能收到这个ARP广播并且作出回应，才能和PC1进行通信。而处于不同VLAN的PC是无法收到这个数据包的，因此无法对该广播进行回应，也就无法进行通信了。感兴趣的同学可以通过抓包的方式查看PC发送ping命令时，数据包前段的ARP请求。ARP广播包是非常容易被伪造的，一旦ARP广播包被劫持并伪造，那么计算机就会认为黑客伪造的计算机为正常通信的计算机，从而将数据发送给黑客伪造的计算机。因此，同学们在学习计算机网络技术时，需要打牢基础，提升网络安全意识，保护国家财产。

任务评价表

序号	任务考核点名称	任务考核指标	自我评价（0～10分）	教师评价（0～10分）
1	理解VLAN的基础知识	能够理解VLAN的作用并熟练记忆		
2	创建VLAN命令	能够单独或批量创建VLAN		
3	理解接口类型	能够理解Access和Trunk接口的区别，并灵活运用		
4	划分VLAN命令	能够灵活运用命令将端口划分至相应的VLAN		
5	端口组命令	熟记端口组命令并能灵活运用		
本次任务总结：				

2.4.2 子任务二:跨交换机 VLAN 划分任务

实验工单卡

<table>
<tr><td>实训名称</td><td></td><td>推荐工时</td><td>45 分钟</td></tr>
<tr><td>日期</td><td></td><td>地点</td><td></td></tr>
<tr><td>指导老师</td><td></td><td>实训成绩</td><td></td></tr>
<tr><td>学生姓名</td><td></td><td>班级</td><td></td></tr>
<tr><td colspan="4">实训目的：</td></tr>
<tr><td colspan="4">拓扑设计：</td></tr>
<tr><td colspan="4">设备配置关键命令：</td></tr>
<tr><td colspan="4">实训结果：</td></tr>
</table>

背景描述

随着公司业务的发展，××公司又购买了一栋楼作为办公楼，你作为网络管理员，需要将这两栋楼的内部网络进行互通。

创建拓扑

使用 eNSP 软件，以及 2 台交换机 S5700、4 台 PC，并将其连接，如图 2-9 所示。

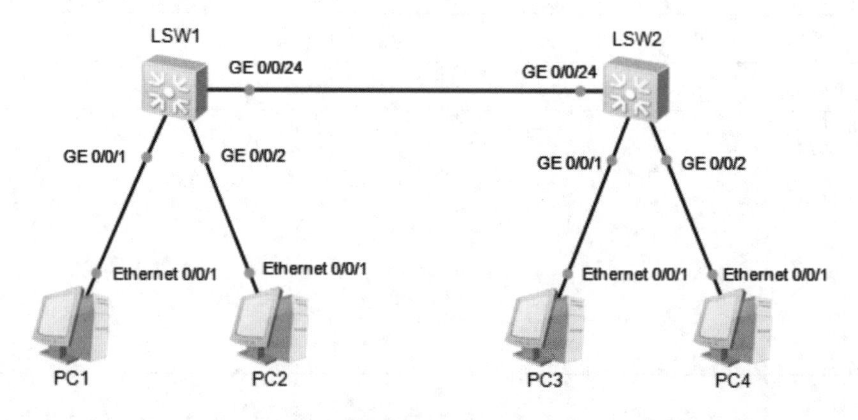

图 2-9　跨交换机的 VLAN 划分

任务要求

PC1 和 PC4 为技术部使用的 PC，使用 VLAN 10；

PC2 和 PC3 为财务部使用的 PC，使用 VLAN 20；

PC1 的 IP 地址配置：192.168.1.1/24；

PC2 的 IP 地址配置：192.168.1.2/24；

PC3 的 IP 地址配置：192.168.1.3/24；

PC4 的 IP 地址配置：192.168.1.4/24。

实验步骤

(1) 创建 VLAN。

SW1 配置：

```
<Huawei>sys
[Huawei]sysname SW1
[SW1]vlan batch 10 20
```

SW2 配置：

```
<Huawei>sys
[Huawei]sysname SW2
[SW2]vlan batch 10 20
```

(2) 划分相应端口。

SW1 配置：

```
[SW1]interface GigabitEthernet0/0/24
[SW1-GigabitEthernet0/0/24]port link-type trunk
[SW1-GigabitEthernet0/0/24]port trunk allow-pass vlan 10 20
[SW1]interface GigabitEthernet0/0/1
[SW1-GigabitEthernet0/0/1]port link-type access
[SW1-GigabitEthernet0/0/1]port default vlan 10
[SW1]interface GigabitEthernet0/0/2
[SW1-GigabitEthernet0/0/2]port link-type access
[SW1-GigabitEthernet0/0/2]port default vlan 20
```

SW2 配置：

```
[SW2]interface GigabitEthernet0/0/24
[SW2-GigabitEthernet0/0/24]port link-type trunk
[SW2-GigabitEthernet0/0/24]port trunk allow-pass vlan 10 20
[SW2]interface GigabitEthernet 0/0/1
[SW2-GigabitEthernet0/0/1]port link-type access
[SW2-GigabitEthernet0/0/1]port default vlan 20
[SW2]interface GigabitEthernet 0/0/2
[SW2-GigabitEthernet0/0/2]port link-type access
[SW2-GigabitEthernet0/0/2]port default vlan 10
```

验证实验

查看交换机的 VLAN 划分配置，命令：dis vlan。

SW1 配置如图 2-10 所示。

```
VID  Type    Ports
--------------------------------------------------------------------------------
1    common  UT:GE0/0/3(U)      GE0/0/4(U)      GE0/0/5(U)      GE0/0/6(U)
                GE0/0/7(D)      GE0/0/8(D)      GE0/0/9(D)      GE0/0/10(D)
                GE0/0/11(D)     GE0/0/12(D)     GE0/0/13(D)     GE0/0/14(D)
                GE0/0/15(D)     GE0/0/16(D)     GE0/0/17(D)     GE0/0/18(D)
                GE0/0/19(D)     GE0/0/20(D)     GE0/0/21(D)     GE0/0/22(D)
                GE0/0/23(D)     GE0/0/24(D)

10   common  UT:GE0/0/1(U)
             TG:GE0/0/24(D)

20   common  UT:GE0/0/2(U)

             TG:GE0/0/24(D)
```

图 2-10　查看 VLAN 划分 2

从图 2-10 可以看出，交换机 SW1 的 g0/0/1 和 g0/0/2 端口分别被划分至 VLAN 10 和 VLAN 20 中，而 g0/0/24 端口被允许通过了这两个 VLAN。

SW2 配置如图 2-11 所示。

```
VID  Type     Ports
--------------------------------------------------------------------------------
1    common  UT:GE0/0/3(U)      GE0/0/4(U)      GE0/0/5(U)      GE0/0/6(U)
                GE0/0/7(D)      GE0/0/8(D)      GE0/0/9(D)      GE0/0/10(D)
                GE0/0/11(D)     GE0/0/12(D)     GE0/0/13(D)     GE0/0/14(D)
                GE0/0/15(D)     GE0/0/16(D)     GE0/0/17(D)     GE0/0/18(D)
                GE0/0/19(D)     GE0/0/20(D)     GE0/0/21(D)     GE0/0/22(D)
                GE0/0/23(D)     GE0/0/24(D)

10   common  UT:GE0/0/2(U)

             TG:GE0/0/24(D)

20   common  UT:GE0/0/1(U)

             TG:GE0/0/24(D)

VID  Status  Property      MAC-LRN Statistics Description
```

图 2-11　查看 VLAN 划分 3

从图 2-11 可以看出，交换机 SW2 的 g0/0/1 和 g0/0/2 端口分别被划分至 VLAN 20 和 VLAN 10 中，而 g0/0/24 端口被允许通过了这两个 VLAN。

工程师提示

在查看交换机端口属性时，可以通过前面的 UT 和 TG 标志来辨别端口类型。若前面是 UT，则代表 untag，也就是 Access 接口，不带标签。若前面是 TG，则代表 tag，也就是 Trunk 接口。当我们学习如何查看交换机端口属性时，首先要认识到，这不仅仅是一个技术操作，更是对网络安全与稳定负责的表现。每一个端口的状态、速率、配置，都可能影响到整个网络的性能和安全性。因此，我们要以高度的责任心对待每一次检查与调整，确保网络环境的健康运行。这正如我们在社会中扮演的不同角色，都需承担起相应的责任，为社会的和谐与进步贡献自己的力量。

验证 PC1 和 PC4 的连通性，如图 2-12 所示。

```
PC>ping 192.168.1.4

Ping 192.168.1.4: 32 data bytes, Press Ctrl_C to break
From 192.168.1.4: bytes=32 seq=1 ttl=128 time=63 ms
From 192.168.1.4: bytes=32 seq=2 ttl=128 time=47 ms
From 192.168.1.4: bytes=32 seq=3 ttl=128 time=47 ms
From 192.168.1.4: bytes=32 seq=4 ttl=128 time=63 ms
From 192.168.1.4: bytes=32 seq=5 ttl=128 time=62 ms

--- 192.168.1.4 ping statistics ---
  5 packet(s) transmitted
  5 packet(s) received
  0.00% packet loss
  round-trip min/avg/max = 47/56/63 ms
```

图 2-12　测试连通性 4

从图 2-12 可以看出，PC1 和 PC4 的通信是正常的，能够跨越交换机进行通信。

PC1 在对 PC2 进行通信的时候，由于属于不同 VLAN，因此无法进行通信，如图 2-13 所示。

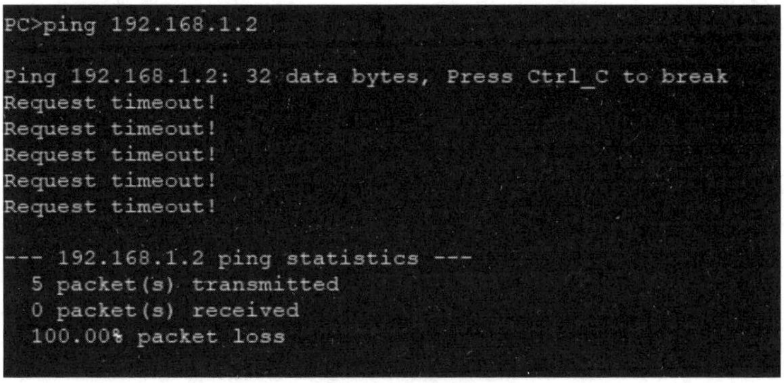

```
PC>ping 192.168.1.2

Ping 192.168.1.2: 32 data bytes, Press Ctrl_C to break
Request timeout!
Request timeout!
Request timeout!
Request timeout!
Request timeout!

--- 192.168.1.2 ping statistics ---
  5 packet(s) transmitted
  0 packet(s) received
  100.00% packet loss
```

图 2-13　测试连通性 5

任务评价表

序号	任务考核点名称	任务考核指标	自我评价（0～10 分）	教师评价（0～10 分）
1	理解 VLAN 的基础知识	能够理解 VLAN 的作用并熟练记忆		
2	创建 VLAN 命令	能够单独或批量创建 VLAN		
3	理解接口类型	能够理解 Access 和 Trunk 接口的区别，并熟练掌握 Access 接口和 Trunk 接口的配置方法		
4	划分 VLAN 命令	能够灵活运用命令将端口划分至相应的 VLAN		
5	端口组命令	熟记端口组命令并能灵活运用		
本次任务总结：				

2.5 任务三:生成树协议

本任务知识点

一、什么是生成树

生成树协议(spanning tree protocol,STP),是一种工作在OSI模型中数据链路层的通信协议,基本应用是防止交换机冗余链路产生环路,确保以太网中无环路的逻辑拓扑结构,从而避免广播风暴,大量占用交换机的资源。

在现如今的网络中,如果网络是图2-14所示的结构,那么必定会存在单点故障的风险,不管是交换机还是链路出现故障,都会导致网络断掉,在某些对链路可用性需求较高的场景,如金融交易、股市风控、国际贸易、交通线路等场景,是不允许这种情况出现的。为了解决上述问题,我们采用增加交换机的做法,让其成为一个三角形的环路,这样不管是哪条链路出现故障,数据都可以从另外一边进行传输,保障网络的高可用性,如图2-15所示。

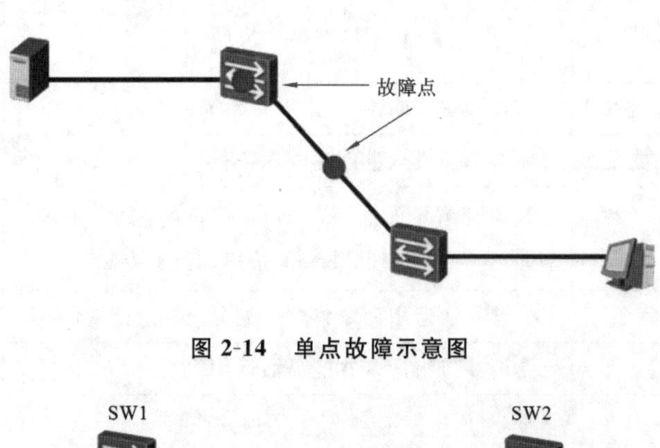

图2-14 单点故障示意图

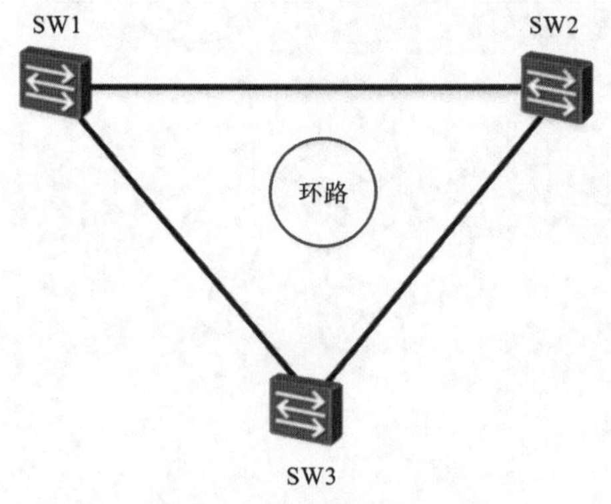

图2-15 环路示意图

虽然这样能够解决单点故障的问题,但是随之而来的问题又出现了。这样的网络结构如果是纯二层的结构(称为二层网络环路),在这种网络环境下进行数据传输,一旦出现了广播数据帧，根据交换机的转发特性，这些数据帧将被交换机不断泛洪，造成广播风暴，如图 2-16 所示。

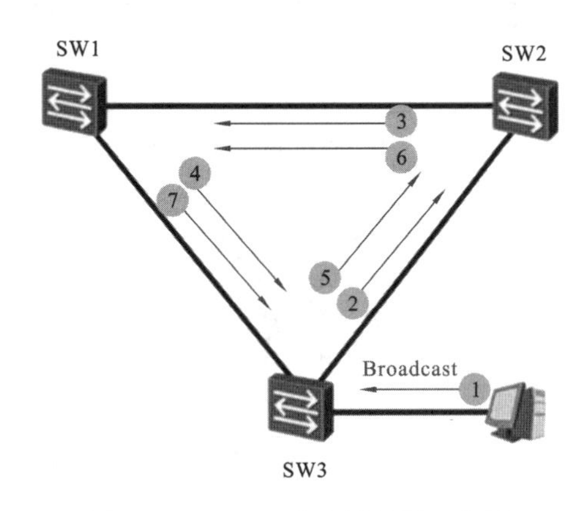

图 2-16　二层环路广播风暴示意图

广播风暴的危害非常大，在大型的网络场景里，大量的广播风暴会严重消耗交换机的 CPU 以及内存资源，影响交换机的转发性能，让网络使用者体验变差，这也是不允许发生的事。

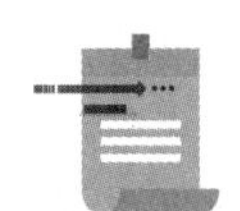

工程师提示

若在访问网络过程中发现网络变慢，交换机所有指示灯高速闪烁，查看交换机 CPU 使用率持续占高并且 CLI 界面卡顿，大概率是存在二层广播风暴。广播风暴如同网络海洋中的一股强大暗流，能够迅速消耗网络资源，导致网络拥塞甚至瘫痪，给正常的网络通信带来严重威胁。在这个过程中，我们不仅要学习如何识别、预防和应对广播风暴，更要从中汲取思政的养分，提升自身的综合素质。

二、生成树的作用

虽然生成树名字里有个树，但是它不是真正的树，生成树最主要的作用就是构造无冗余的最优路径(防止二层环路)。我们知道在交换机构成的交换网络中，很容易出现交换机之间的环路，从而造成 MAC 地址漂移、广播风暴。所以在交换网络中需要存在一个机制来控制并阻止这种环路的产生，因此也就产生了生成树协议。

采用生成树技术，能够在网络中存在二层环路的时候，通过逻辑阻塞(block)特定端口，从而打破环路，并且在网络出现拓扑图结构变更时及时收敛，保障网络冗余性，如图 2-17 所示。

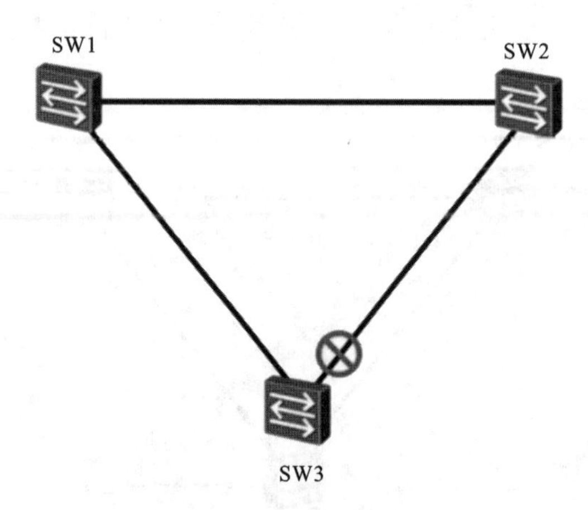

图 2-17　逻辑阻塞端口

三、生成树名词解释

根桥(root bridge):是桥 ID 最小的网桥。它将成为网络中的焦点,所有决定都是根据根桥的判断来做出选择的。

桥 ID(bridge ID):STP 利用桥 ID 来跟踪网络中的所有交换机。桥 ID 是由桥优先级(在所有的 Cisco 交换机上,默认的优先级为 32768)和 MAC 地址的组合来决定的。在网络中,桥 ID 最小的网桥就成为根桥。

非根桥(nonroot bridge):除了根桥外,其他所有的网桥都是非根桥。它们相互之间都交换 BPDU,并在所有交换机上更新 STP 拓扑数据库,以防止环路并对链路失效采取补救措施。

端口开销(port cost):当两台交换机之间有多条链路且都不是根端口时,就根据端口开销来决定最佳路径,链路的开销取决于链路带宽。

根端口(root port):是指直接连到根桥的链路所在的端口,或者到根桥的路径最短的端口。选择依次比较:开销最低的端口优先级最高,如开销相同,就使用桥 ID 小一些的那个端口作为根端口。

指定端口(designated port):有最低开销的端口就是指定端口,指定端口被标记为转发端口。

非指定端口(nondesignated port):是指开销比指定端口高的端口,非指定端口将被置为阻塞状态,它不是转发端口。

转发端口(forwarding port):是指能够转发帧的端口。

阻塞端口(blocked port):是指不能转发帧的端口,这样做是为了防止产生环路。然而,被阻塞的端口将始终监听帧。

端口存在以下状态。

disabled:此状态下端口不转发数据帧,不学习 MAC 地址表,不参与生成树计算。

blocking：此状态下端口不转发数据帧，不学习 MAC 地址表，接收并处理 BPDU，但是不向外发送 BPDU。

listening：此状态下端口不转发数据帧，不学习 MAC 地址表，只参与生成树计算，接收并发送 BPDU。

learning：此状态下端口不转发数据帧，但是学习 MAC 地址表，参与生成树计算，接收并发送 BPDU。

forwarding：此状态下端口正常转发数据帧，学习 MAC 地址表，参与生成树计算，接收并发送 BPDU。

BPDU：生成树中用于交换所需路径和优先级信息的报文，生成树利用这些信息来确定根桥以及到根桥的路径。

四、生成树工作过程

BPDU 每 2 s 由根桥发送一次。

最初的网络，每个交换机都认为自己是根桥，都会发送 BPDU，比较 lowest BID，选举出一个根桥，此时就只有根桥发送 BPDU。非根桥只进行转发。

BPDU 在每个端口上每 2 s 发送一次以确保一个稳定、无环路的拓扑结构。

STP 中 BPDU 报文的类型有以下两种。

(1) configuration BPDU(配置 BPDU)：只能由根桥产生，其他交换机中转该 BPDU。

(2) TCN BPDU(拓扑改变通知 BPDU)：由发现拓扑改变的交换机产生。

STP 下的链路失败类别有以下两种。

(1) 直接失败：阻塞端口立刻进入 listen 状态，收敛时间为 30 s。

(2) 间接失败：要等待 20 s 后才能判断链路失败。

在 RSTP 中检测拓扑是否发生变化只有一个标准：一个非边缘端口迁移到 forwarding 状态。

一旦检测到拓扑发生变化，将进行如下处理：

(1) 首先清空状态发生变化的端口上学习到的 MAC 地址。

(2) 同时在 2 倍的 hello time 时间内不断向非边缘端口发送 TC 置位的 RST BPDU。

(3) 其他设备收到 TC 置位的 RST BPDU 后，清空其他所有端口学习到的 MAC 地址(除了收到 RST BPDU 的端口)。同时也会从自己的非边缘端口和根端口向外泛洪 TC 置位的 RST BPDU。

原始设备只清空端口的 MAC 地址，然后向上游发送 TC 置位的 BPDU，最后清空所有学习到的 MAC 地址。

交换机对 BPDU 的处理：

(1) 如果交换机从一个端口接收到优先级高的 BPDU，则会把该 BPDU 保存下来并且该端口不再往外发送 BPDU。

(2) 在收敛时只有根桥产生BPDU，其余交换机只能从RP接收BPDU后才从DP发送出去；这样非根桥可能从DP或者NDP接收到BPDU。

(3) 如果交换机从DP接收到优先级低的BDPU，则会丢弃，并给源MAC地址发送自己较新的BPDU；如果交换机从NDP接收到优先级低的BPDU，则会直接丢弃了事。

RSTP中配置BPDU的处理：

(1) 非根桥设备每隔hello time从指定端口主动发送配置BPDU(STP的DP接收不到上游的BPDU是不会转发BPDU的)。

(2) BPDU超时计时器为3个hello time(超过的话默认根桥挂了，需要重新选举)。

(3) 阻塞端口可以立即对接收到的次级BPDU进行回应(STP是30 s才回应)。

RSTP与STP互操作：

(1) RSTP端口在接收到STP BPDU的2个hello time后，会切换到STP工作模式。

(2) 切换到STP协议的RSTP端口会丧失快速收敛等特性。

(3) 当运行STP的设备从网络撤离后，原运行RSTP的交换设备可迁移回到RSTP工作模式。

通常情况下，一个边缘端口接收到BPDU后，会变成普通端口(30 s后正常进入转发)；如果配置了BPDU-Protection功能，则边缘端口接收到BPDU后，会进入errordown状态，如果是思科设备，则需要手工关闭接口。

五、生成树的选举

(1) 在整个网络中选举出一个根桥，根桥会定期发送BPDU。

桥ID由两部分组成，即优先级和MAC地址。

根桥的选举。首先比较优先级，优先级越小越优，如果优先级相同，则会比较MAC地址，MAC地址越小越优，优先级默认为32768(二层取小，三层取大)。以下为生成树协议常用命令：

```
[Huawei]stp priority 0                //修改设备的优先级为0，使其成为根桥
[Huawei]stp root primary              //指定设备为根桥
[Huawei]dis brigre mac-address        //查看设备的MAC地址
[Huawei]dis stp brife                 //查看生成树状态
[Huawei]stp root secondary            //指定设备为备份根桥
```

(2) 在所有非根交换机上选举出一个根端口RP来接收BPDU(报文发出的时候开销值默认是0，开销值等于每个端口流量入方向开销值的和)。

① 比较RPC：到达根桥的最短路径开销值，各端口的开销越小越优。

思科的计算方式：根据带宽来计算度量值，带宽越大，开销越小，度量值也就越小。

② 如果RPC值相同，则比较转发该BPDU设备的桥ID，桥ID越小则优先级越大(桥ID由两部分组成：优先级和MAC地址)。

③ 如果转发该 BPDU 设备的桥 ID 相等，则比较发送该 BPDU 的 port ID。Port ID 由两部分组成，即端口优先级(默认是 128，范围是 0～240，必须是 16 的倍数)和端口编号(越小越优)。

④ 如果对端的 Port ID 也相等，则比较发送端的 Port ID。

(3) 在所有链路上选举出一个指定端口 DP 来转发 BPDU。

根桥的所有端口默认都是 DP，计算方式参考以上内容。

(4) 所有非根端口、非指定端口成为 AP，AP 会被阻塞掉。

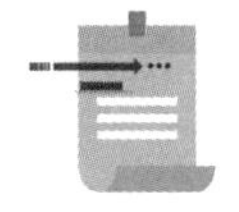

工程师提示

根桥是基于网络的(整个网络中只能有一个根桥)，根端口是基于设备的(每一个设备只能有一个根端口)，指定端口是基于链路的，每条链路只能有一个指定端口。生成树根桥的选举过程依赖于网络中各个节点的协同工作。每个节点都需要根据收集到的信息，计算出最优的路径，并与其他节点进行通信，最终达成一致。这种团队合作的精神，是我们在学习和工作中不可或缺的。它教会我们，面对挑战时，要勇于担当，积极贡献自己的力量，同时也要学会倾听他人的意见，共同寻找最佳解决方案。

六、生成树的拓扑变更

提问：STP 中，如果 AP 收到一条次优的 BPDU，该怎么处理呢？

会等待 20 s，将最优的 BPDU 发送过去，端口角色从 AP 变成 DP，端口状态从 blocking 变为 forwarding，一共需要两个转发延时，共需要等待 50 s 即可转发数据。由于华为的 STP 借用 RSTP 的工作机制，可能只需要 30 s 即可进入转发状态而不需要等待。

七、快速生成树 RSTP 和生成树 STP 的区别

与 STP 相比，RSTP 增加了端口状态快速切换的机制，能够实现网络拓扑的快速转换。

1. 设置了边缘端口

边缘端口可以实现快速从阻塞状态到转发状态的转换。这种端口通常用于连接终端设备，如个人计算机或打印机，而不是连接到其他交换机。边缘端口的主要特点是它们不参与 STP 的拓扑计算，因此不需要经历正常的侦听和学习状态，从而避免了 STP 引起的延迟。

2. 端口状态由五种减少为三种

生成树协议的五种端口状态为：禁用(disabled)、侦听(listening)、学习(learning)、转发

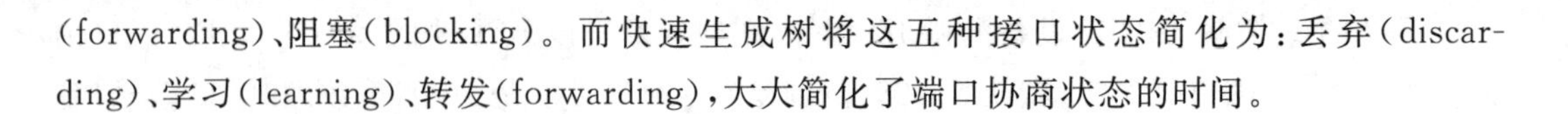

(forwarding)、阻塞(blocking)。而快速生成树将这五种接口状态简化为:丢弃(discarding)、学习(learning)、转发(forwarding),大大简化了端口协商状态的时间。

2.5.1 子任务一:利用生成树协议解决网络环路

实验工单卡

实训名称		推荐工时	45 分钟
日期		地点	
指导老师		实训成绩	
学生姓名		班级	
实训目的:			
拓扑设计:			
设备配置关键命令:			
实训结果:			

背景描述

××公司内部采用三台交换机形成环路，来保障网络的高可用性，但是在改造网络的时候，发现这样的网络部署会导致网络异常缓慢，甚至出现无法访问的情况。作为该公司的网络管理员，请利用学过的知识来解决这个问题。

创建图 2-18 所示的拓扑图，使用 3 台交换机 S5700。

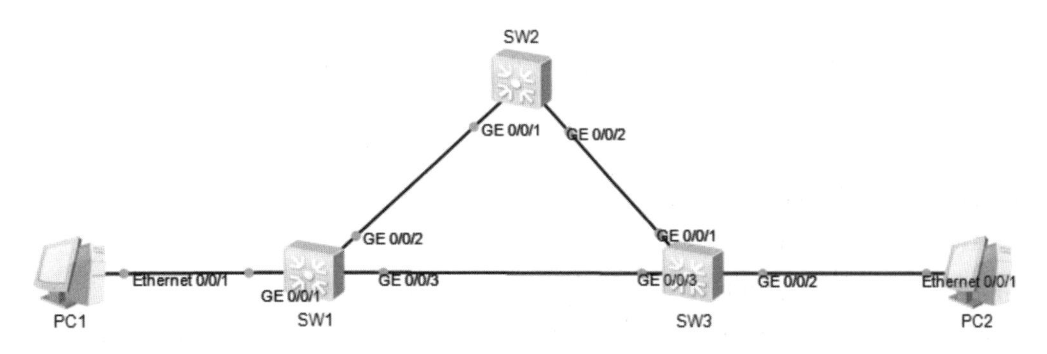

图 2-18　生成树拓扑图

任务要求

公司为提高网络的可靠性，使用了 3 台 S5700 交换机形成冗余结构，拓扑图如图 2-18 所示，具体要求如下：

(1) 为避免环路问题，需配置交换机的 STP 功能，要求核心交换机有较高优先级，SW1 为根交换机，SW2 和 SW3 为备用根交换机，SW1—SW3 为主链路。

(2) 所有主机使用 VLAN 10，网络地址为 192.168.1.0/24，PC1 和 PC2 分别接入 SW1 和 SW3。

由图 2-18 可知，SW1 为核心交换机，其中将 SW1 配置为根交换机，将 SW2 配置为备用根交换机。

因此，在 STP 配置中可将 SW1 的优先级设为最高，SW3 的优先级设为次高，例如，SW1 的优先级为 0，SW3 的优先级为 4096。

同时，考虑到技术部的计算机划分在 VLAN 10 的网段内，且计算机连接在不同的交换机上，故交换机之间的链路需配置为 Trunk 模式。

实验步骤

(1) 创建 VLAN。

SW1 配置：

```
<Huawei>system-view
[Huawei]sysname SW1
[SW1]vlan 10
```

SW2 配置：

```
<Huawei>system-view
[Huawei]sysname SW2
[SW2]vlan 10
```

SW3 配置：

```
<Huawei>system-view
[Huawei]sysname SW3
[SW3]vlan 10
```

(2) 将交换机端口划分至之前创建的 VLAN(注意自己拓扑相应的端口号)。

SW1 配置：

```
[SW1]interface g0/0/1
[SW1-GigabitEthernet0/0/1]port link-type access
[SW1-GigabitEthernet0/0/1]port default vlan 10
[SW1]port-group group-member g0/0/2 to g0/0/3
[SW1-port-group]port link-type trunk
[SW1-port-group]port trunk allow-pass vlan 10
```

SW2 配置：

```
[SW2]port-group group-member g0/0/1 to g0/0/2
[SW2-port-group]port link-type trunk
[SW2-port-group]port trunk allow-pass vlan 10
```

SW3 配置：

```
[SW3]interface g0/0/2
[SW3-GigabitEthernet0/0/2]port link-type access
[SW3-GigabitEthernet0/0/2]port default vlan 10
[SW3]port-group group-member g0/0/1 g0/0/3
[SW3-port-group]port link-type trunk
[SW3-port-group]port trunk allow-pass vlan 10
```

(3) 开启 STP。

SW1 配置：

```
[SW1]stp  enable
[SW1]stp mode  stp
```

SW2 配置：

```
[SW2]stp enable
[SW2]stp mode  stp
```

SW3 配置：

```
[SW3]stp enable
```

```
[SW3]stp mode  stp
```

(4) 配置 STP 优先级，将 SW1 设置为根交换机。

```
[SW1]stp priority 0
```

(5) 配置各部门计算机的 IP 地址，如图 2-19、图 2-20 所示。

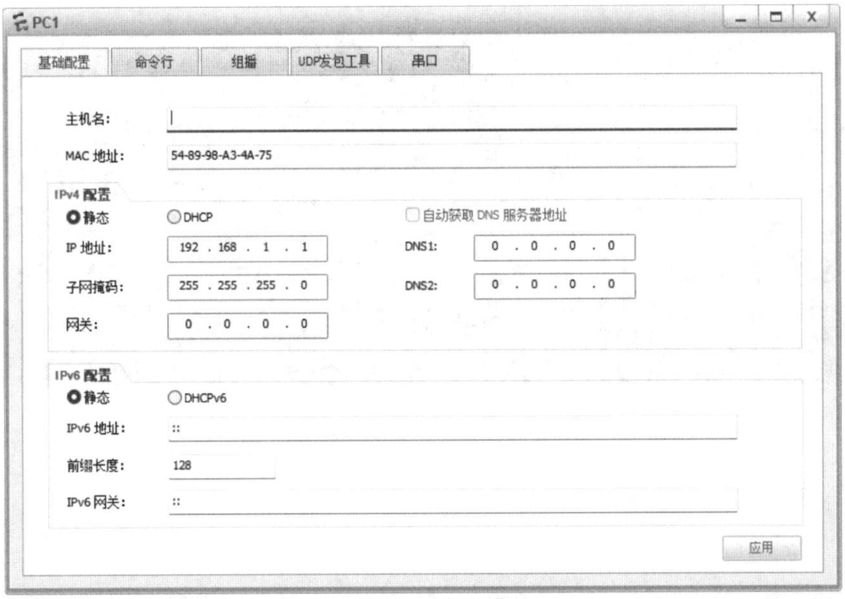

图 2-19 PC1 的 IP 地址配置 1

图 2-20 PC2 的 IP 地址配置 1

项目验证

1. 验证各交换机的 VLAN 配置信息

命令:dis vlan

SW1 的 VLAN 划分如图 2-21 所示。

```
VID  Type    Ports
-------------------------------------------------------------------------------
1    common  UT:GE0/0/2(U)     GE0/0/3(U)     GE0/0/4(D)     GE0/0/5(D)
                GE0/0/6(D)     GE0/0/7(D)     GE0/0/8(D)     GE0/0/9(D)
                GE0/0/10(D)    GE0/0/11(D)    GE0/0/12(D)    GE0/0/13(D)
                GE0/0/14(D)    GE0/0/15(D)    GE0/0/16(D)    GE0/0/17(D)
                GE0/0/18(D)    GE0/0/19(D)    GE0/0/20(D)    GE0/0/21(D)
                GE0/0/22(D)    GE0/0/23(D)    GE0/0/24(D)

10   common  UT:GE0/0/1(U)

             TG:GE0/0/2(U)     GE0/0/3(U)
```

图 2-21　查看 VLAN 划分 4

g0/0/1 端口为 Access 接口,其余端口为 Trunk 接口。

SW2 的 VLAN 划分如图 2-22 所示。

```
VID  Type    Ports
-------------------------------------------------------------------------------
1    common  UT:GE0/0/1(U)     GE0/0/2(U)     GE0/0/3(D)     GE0/0/4(D)
                GE0/0/5(D)     GE0/0/6(D)     GE0/0/7(D)     GE0/0/8(D)
                GE0/0/9(D)     GE0/0/10(D)    GE0/0/11(D)    GE0/0/12(D)
                GE0/0/13(D)    GE0/0/14(D)    GE0/0/15(D)    GE0/0/16(D)
                GE0/0/17(D)    GE0/0/18(D)    GE0/0/19(D)    GE0/0/20(D)
                GE0/0/21(D)    GE0/0/22(D)    GE0/0/23(D)    GE0/0/24(D)

10   common  TG:GE0/0/1(U)     GE0/0/2(U)


VID  Status  Property      MAC-LRN Statistics Description
```

图 2-22　查看 VLAN 划分 5

SW2 的端口均为 Trunk 接口。

SW3 的 VLAN 划分如图 2-23 所示。

SW3 的 g0/0/2 端口为 Access 接口,其余端口为 Trunk 接口。

2. 查看各交换机的 STP 状态

命令:dis stp brief

SW1 的 STP 端口状态如图 2-24 所示。

根据选举原则,SW1 上所有端口都是转发状态并且都是指定端口。

```
VID  Type     Ports
-------------------------------------------------------------------------------
1    common  UT:GE0/0/1(U)      GE0/0/3(U)      GE0/0/4(D)      GE0/0/5(D)
                GE0/0/6(D)      GE0/0/7(D)      GE0/0/8(D)      GE0/0/9(D)
                GE0/0/10(D)     GE0/0/11(D)     GE0/0/12(D)     GE0/0/13(D)
                GE0/0/14(D)     GE0/0/15(D)     GE0/0/16(D)     GE0/0/17(D)
                GE0/0/18(D)     GE0/0/19(D)     GE0/0/20(D)     GE0/0/21(D)
                GE0/0/22(D)     GE0/0/23(D)     GE0/0/24(D)

10   common  UT:GE0/0/2(U)

             TG:GE0/0/1(U)      GE0/0/3(U)

VID  Status  Property      MAC-LRN Statistics Description
```

图 2-23　查看 VLAN 划分 6

```
[Huawei]dis stp b
 MSTID  Port                        Role  STP State     Protection
   0    GigabitEthernet0/0/1        DESI  FORWARDING      NONE
   0    GigabitEthernet0/0/2        DESI  FORWARDING      NONE
   0    GigabitEthernet0/0/3        DESI  FORWARDING      NONE
```

图 2-24　查看 STP 端口状态 1

SW2 的 STP 端口状态如图 2-25 所示。

```
[Huawei]dis stp b
 MSTID  Port                        Role  STP State     Protection
   0    GigabitEthernet0/0/1        ROOT  FORWARDING      NONE
   0    GigabitEthernet0/0/2        DESI  FORWARDING      NONE
```

图 2-25　查看 STP 端口状态 2

根据选举原则，SW2 上的 g0/0/1 端口为根端口，g0/0/2 端口为指定端口，并且所有端口都为转发状态。

SW3 的 STP 端口状态如图 2-26 所示。

```
[Huawei]dis stp b
 MSTID  Port                        Role  STP State     Protection
   0    GigabitEthernet0/0/1        ALTE  DISCARDING      NONE
   0    GigabitEthernet0/0/2        DESI  FORWARDING      NONE
   0    GigabitEthernet0/0/3        ROOT  FORWARDING      NONE
```

图 2-26　查看 STP 端口状态 3

根据选举原则，SW3 上的 g0/0/1 端口为阻塞端口，状态为失效状态，意味着该端口被逻辑阻断了。而其余两个端口分别为指定端口和根端口，均在正常转发数据。

3. 测试部门两台计算机的互通性

执行 ping 命令，从图 2-27 可以看到，目前 PC1 和 PC2 为连通状态。

```
PC>ping 192.168.1.2 -t

Ping 192.168.1.2: 32 data bytes, Press Ctrl_C to break
From 192.168.1.2: bytes=32 seq=1 ttl=128 time=78 ms
From 192.168.1.2: bytes=32 seq=2 ttl=128 time=63 ms
From 192.168.1.2: bytes=32 seq=3 ttl=128 time=62 ms
From 192.168.1.2: bytes=32 seq=4 ttl=128 time=78 ms
From 192.168.1.2: bytes=32 seq=5 ttl=128 time=63 ms
```

图 2-27　测试连通性 6

4. 将 SW1 的 g0/0/3 端口关闭,查看两台计算机的互通性

```
[SW1]interface g0/0/3
[SW1-GigabitEthernet0/0/3]shutdown
```

进入交换机 g0/0/3 端口,输入命令 shutdown 关闭该端口,如图 2-28 所示。

```
[Huawei]int g0/0/3
[Huawei-GigabitEthernet0/0/3]shut
[Huawei-GigabitEthernet0/0/3]shutdown
[Huawei-GigabitEthernet0/0/3]
```

图 2-28　shutdown 关闭端口 1

执行 ping 命令,从图 2-29 可以看到,在一段时间的网络收敛以后,设备又恢复了连通性,因此可以证明生成树协议起效。

```
From 192.168.1.2: bytes=32 seq=22 ttl=128 time=78 ms
Request timeout!
Request timeout!
Request timeout!
Request timeout!
Request timeout!
Request timeout!
Request timeout!
Request timeout!
Request timeout!
Request timeout!
Request timeout!
Request timeout!
Request timeout!
Request timeout!
Request timeout!
Request timeout!
Request timeout!
From 192.168.1.2: bytes=32 seq=40 ttl=128 time=109 ms
From 192.168.1.2: bytes=32 seq=41 ttl=128 time=110 ms
From 192.168.1.2: bytes=32 seq=42 ttl=128 time=93 ms
```

图 2-29　测试连通性 7

任务评价表

序号	任务考核点名称	任务考核指标	自我评价（0～10分）	教师评价（0～10分）
1	理解生成树协议	能够理解生成树协议产生的背景和意义		
2	端口选举	能够理解并熟练记忆生成树协议的端口选举流程		
3	端口状态	能够熟练记忆生成树协议的五种端口状态		
4	实验配置	能够熟练配置生成树协议实验并将端口 shutdown 以后还能正常进行通信		
本次任务总结：				

2.5.2　子任务二：利用快速生成树协议解决环路

实验工单卡

实训名称		推荐工时	45分钟
日期		地点	
指导老师		实训成绩	
学生姓名		班级	
实训目的：			

续表

拓扑设计：
设备配置关键命令：
实训结果：

背景描述

××公司内部采用 3 台交换机形成环路，来保障网络的高可用性，但是在改造网络的时候，发现这样的网络部署会导致网络异常缓慢，甚至出现无法访问的情况。作为该公司的网络管理员，请利用学过的知识来解决这个问题。由于该公司的网络业务需要快速切换，因此本次实验采用快速生成树技术（RSTP）。

创建图 2-30 所示的拓扑图，使用 3 台交换机 S5700。

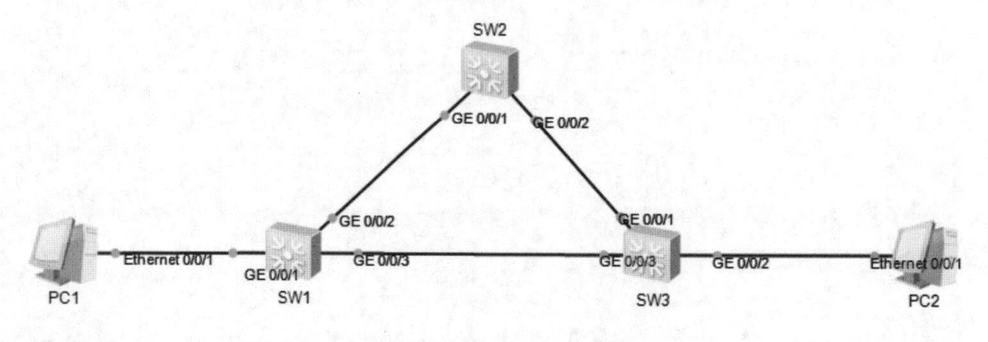

图 2-30　生成树拓扑图

任务要求

公司为提高网络的可靠性，使用了 3 台 S5700 交换机形成冗余结构，拓扑图如图 2-30 所示，具体要求如下。

(1) 为避免环路问题，需配置交换机的 RSTP 功能，要求核心交换机有较高优先级，SW1 为根交换机，SW2 和 SW3 为备用根交换机，SW1—SW3 为主链路。

(2) 技术部的计算机使用 VLAN 10，网络地址为 192.168.1.0/24，PC1 和 PC2 分别接入 SW1 和 SW3。

(3) 根据图 2-30 所示的拓扑图可知，SW1 为核心交换机，其中将 SW1 配置为根交换机，将 SW2 配置为备用根交换机。

因此，在 STP 配置中可将 SW1 的优先级设为最高，SW3 的优先级设为次高，例如，SW1 的优先级为 0，SW3 的优先级为 4096。

同时，考虑到技术部的计算机划分在 VLAN 10 的网段内，且计算机连接在不同的交换机上，故交换机之间的链路需配置为 Trunk 模式。

具体配置步骤如下。

(1) 创建 VLAN。

SW1 配置：

```
<Huawei>system-view
[Huawei]sysname SW1
[SW1]vlan 10
```

SW2 配置：

```
<Huawei>system-view
[Huawei]sysname SW2
[SW2]vlan 10
```

SW3 配置：

```
<Huawei>system-view
[Huawei]sysname SW3
[SW3]vlan 10
```

(2) 将交换机端口划分至之前创建的 VLAN。

SW1 配置：

```
[SW1]interface g0/0/1
[SW1-GigabitEthernet0/0/1]port link-type access
[SW1-GigabitEthernet0/0/1]port default vlan 10
[SW1]port-group group-member g0/0/2 to g0/0/3
[SW1-port-group]port link-type trunk
[SW1-port-group]port trunk allow-pass vlan 10
```

SW2 配置：

```
[SW2]port-group group-member g0/0/1 to g0/0/2
[SW2-port-group]port link-type trunk
[SW2-port-group]port trunk allow-pass vlan 10
```

SW3 配置：

```
[SW3]interface g0/0/2
[SW3-GigabitEthernet0/0/2]port link-type access
[SW3-GigabitEthernet0/0/2]port default vlan 10
[SW3]port-group group-member g0/0/1 g0/0/3
[SW3-port-group]port link-type trunk
[SW3-port-group]port trunk allow-pass vlan 10
```

(3) 开启 RSTP。

SW1 配置：

```
[SW1]stp  enable
[SW1]stp mode  rstp
```

SW2 配置：

```
[SW2]stp enable
[SW2]stp mode  rstp
```

SW3 配置：

```
[SW3]stp enable
[SW3]stp mode  rstp
```

(4) 配置 STP 优先级，将 SW1 设置为根交换机。

```
[SW1]stp priority 0
```

(5) 设置边缘端口。

SW1 配置：

```
[SW1-GigabitEthernet0/0/1]stp edged-port enable
```

SW3 配置：

```
[SW3-GigabitEthernet0/0/2]stp edged-port enable
```

配置各部门计算机的 IP 地址，如图 2-31、图 2-32 所示。

项目验证

1. 验证各交换机的 VLAN 配置信息

命令：dis vlan

SW1 的 VLAN 划分如图 2-33 所示。

g0/0/1 端口为 Access 接口，其余端口为 Trunk 接口。

SW2 的 VLAN 划分如图 2-34 所示。

图 2-31　PC1 的 IP 地址配置 2

图 2-32　PC2 的 IP 地址配置 2

SW2 的端口均为 Trunk 接口。

SW3 的 VLAN 划分如图 2-35 所示。

SW3 的 g0/0/2 端口为 Access 接口，其余端口为 Trunk 接口。

```
VID  Type    Ports
--------------------------------------------------------------------------------
1    common  UT:GE0/0/2(U)      GE0/0/3(U)      GE0/0/4(D)      GE0/0/5(D)
                GE0/0/6(D)      GE0/0/7(D)      GE0/0/8(D)      GE0/0/9(D)
                GE0/0/10(D)     GE0/0/11(D)     GE0/0/12(D)     GE0/0/13(D)
                GE0/0/14(D)     GE0/0/15(D)     GE0/0/16(D)     GE0/0/17(D)
                GE0/0/18(D)     GE0/0/19(D)     GE0/0/20(D)     GE0/0/21(D)
                GE0/0/22(D)     GE0/0/23(D)     GE0/0/24(D)

10   common  UT:GE0/0/1(U)

             TG:GE0/0/2(U)      GE0/0/3(U)
```

图 2-33　查看 VLAN 划分 7

```
VID  Type    Ports
--------------------------------------------------------------------------------
1    common  UT:GE0/0/1(U)      GE0/0/2(U)      GE0/0/3(D)      GE0/0/4(D)
                GE0/0/5(D)      GE0/0/6(D)      GE0/0/7(D)      GE0/0/8(D)
                GE0/0/9(D)      GE0/0/10(D)     GE0/0/11(D)     GE0/0/12(D)
                GE0/0/13(D)     GE0/0/14(D)     GE0/0/15(D)     GE0/0/16(D)
                GE0/0/17(D)     GE0/0/18(D)     GE0/0/19(D)     GE0/0/20(D)
                GE0/0/21(D)     GE0/0/22(D)     GE0/0/23(D)     GE0/0/24(D)

10   common  TG:GE0/0/1(U)      GE0/0/2(U)

VID  Status  Property      MAC-LRN Statistics Description
```

图 2-34　查看 VLAN 划分 8

```
VID  Type    Ports
--------------------------------------------------------------------------------
1    common  UT:GE0/0/1(U)      GE0/0/3(U)      GE0/0/4(D)      GE0/0/5(D)
                GE0/0/6(D)      GE0/0/7(D)      GE0/0/8(D)      GE0/0/9(D)
                GE0/0/10(D)     GE0/0/11(D)     GE0/0/12(D)     GE0/0/13(D)
                GE0/0/14(D)     GE0/0/15(D)     GE0/0/16(D)     GE0/0/17(D)
                GE0/0/18(D)     GE0/0/19(D)     GE0/0/20(D)     GE0/0/21(D)
                GE0/0/22(D)     GE0/0/23(D)     GE0/0/24(D)

10   common  UT:GE0/0/2(U)

             TG:GE0/0/1(U)      GE0/0/3(U)

VID  Status  Property      MAC-LRN Statistics Description
```

图 2-35　查看 VLAN 划分 9

2. 查看各交换机的 STP 状态

命令：dis stp brief

SW1 的 STP 端口状态如图 2-36 所示。

根据选举原则，SW1 上所有端口都是转发状态并且都是指定端口。

```
[Huawei]dis stp b
 MSTID  Port                        Role  STP State     Protection
   0    GigabitEthernet0/0/1        DESI  FORWARDING      NONE
   0    GigabitEthernet0/0/2        DESI  FORWARDING      NONE
   0    GigabitEthernet0/0/3        DESI  FORWARDING      NONE
[Huawei]
```

图 2-36　查看 STP 端口状态 4

SW2 的 STP 端口状态如图 2-37 所示。

```
[Huawei]dis stp b
 MSTID  Port                        Role  STP State     Protection
   0    GigabitEthernet0/0/1        ROOT  FORWARDING      NONE
   0    GigabitEthernet0/0/2        DESI  FORWARDING      NONE
```

图 2-37　查看 STP 端口状态 5

根据选举原则,SW2 上的 g0/0/1 端口为根端口,g0/0/2 端口为指定端口,并且所有端口都为转发状态。

SW3 的 STP 端口状态如图 2-38 所示。

```
[Huawei]dis stp b
 MSTID  Port                        Role  STP State     Protection
   0    GigabitEthernet0/0/1        ALTE  DISCARDING      NONE
   0    GigabitEthernet0/0/2        DESI  FORWARDING      NONE
   0    GigabitEthernet0/0/3        ROOT  FORWARDING      NONE
```

图 2-38　查看 STP 端口状态 6

根据选举原则,SW3 上的 g0/0/1 端口为阻塞端口,状态为失效状态,意味着该端口被逻辑阻断了。而其余两个端口分别为指定端口和根端口,均能正常转发数据。

3. 测试两台计算机的互通性

执行 ping 命令,从图 2-39 可以看到,目前 PC1 和 PC2 为连通状态。

```
PC>ping 192.168.1.2 -t

Ping 192.168.1.2: 32 data bytes, Press Ctrl_C to break
From 192.168.1.2: bytes=32 seq=1 ttl=128 time=94 ms
From 192.168.1.2: bytes=32 seq=2 ttl=128 time=62 ms
```

图 2-39　测试连通性 8

将 SW1 的 g0/0/3 端口关闭,查看两台计算机的互通性。

```
[SW1]interface g0/0/3
[SW1-GigabitEthernet0/0/3]shutdown
```

进入交换机 g/0/0/3 端口,输入命令 shutdown 关闭该端口,如图 2-40 所示。

```
[Huawei]int g0/0/3
[Huawei-GigabitEthernet0/0/3]shu
[Huawei-GigabitEthernet0/0/3]shutdown
```

图 2-40　shutdown 关闭端口 2

执行 ping 命令，从图 2-41 可以看到，PC1 和 PC2 通信中断，由于配置了快速生成树，PC1、PC2 仅丢失了一个数据包就恢复了网络通信，得益于快速生成树的协议优化以及配置简化，使其能够快速收敛网络，恢复网络通信。

```
From 192.168.1.2: bytes=32 seq=41 ttl=128 time=47 ms
From 192.168.1.2: bytes=32 seq=42 ttl=128 time=62 ms
From 192.168.1.2: bytes=32 seq=43 ttl=128 time=62 ms
From 192.168.1.2: bytes=32 seq=44 ttl=128 time=78 ms
Request timeout!
From 192.168.1.2: bytes=32 seq=46 ttl=128 time=93 ms
From 192.168.1.2: bytes=32 seq=47 ttl=128 time=94 ms
From 192.168.1.2: bytes=32 seq=48 ttl=128 time=93 ms
From 192.168.1.2: bytes=32 seq=49 ttl=128 time=94 ms
From 192.168.1.2: bytes=32 seq=50 ttl=128 time=94 ms
From 192.168.1.2: bytes=32 seq=51 ttl=128 time=78 ms
```

图 2-41　测试连通性 9

任务评价表

序号	任务考核点名称	任务考核指标	自我评价（0～10 分）	教师评价（0～10 分）
1	理解生成树协议	能够理解生成树协议产生的背景和意义		
2	端口选举	能够理解并熟练记忆生成树协议的端口选举流程		
3	端口状态	能够熟练记忆生成树协议的五种端口状态		
4	实验配置	能够熟练配置生成树协议实验并将端口 shutdown 以后还能正常进行通信		
本次任务总结：				

2.6 任务四：二层交换综合实验

实验工单卡

实训名称		推荐工时	45 分钟
日期		地点	
指导老师		实训成绩	
学生姓名		班级	
实训目的：			
拓扑设计：			
设备配置关键命令：			
实训结果：			

背景描述

××公司是一家上市公司，公司规模较大，部门众多，由于业务发展，公司搬到新的办公地点，作为网络管理员，需要对内部的二层网络进行组建，用作内部员工的网络接入。

创建拓扑

使用 eNSP 软件，以及 3 台交换机 S5700、7 台 PC，并将其连接，如图 2-42 所示。

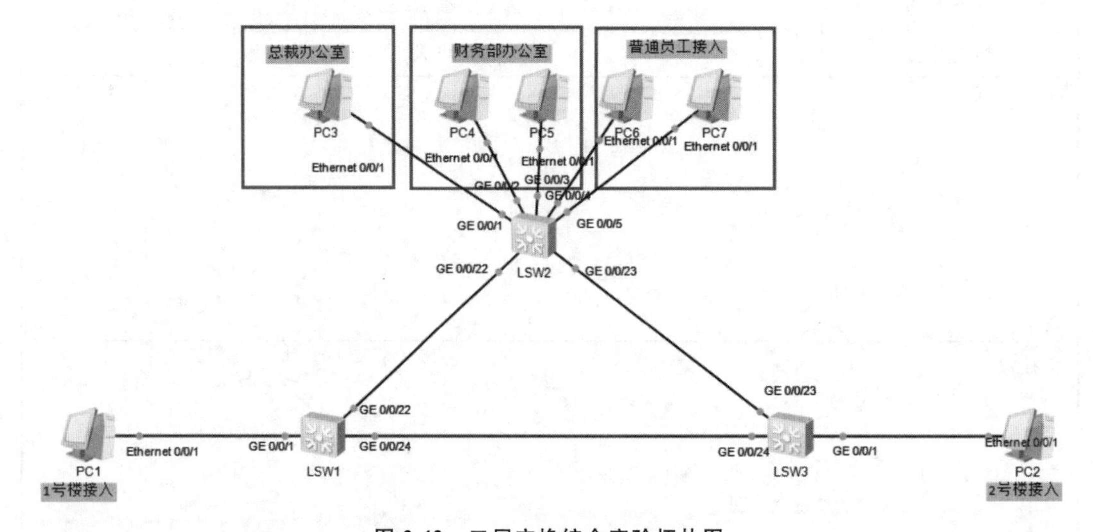

图 2-42　二层交换综合实验拓扑图

任务要求

(1) 所有 PC 均使用同一网段。

PC1 的 IP 地址配置：192.168.1.1/24；

PC2 的 IP 地址配置：192.168.1.2/24；

PC3 的 IP 地址配置：192.168.1.3/24；

PC4 的 IP 地址配置：192.168.1.4/24；

PC5 的 IP 地址配置：192.168.1.5/24；

PC6 的 IP 地址配置：192.168.1.6/24；

PC7 的 IP 地址配置：192.168.1.7/24。

(2) 3 台交换机使用 RSTP 协议配置快速生成树协议，并且指定 SW1 为根交换机。

(3) PC1 和 PC2 划分为相同 VLAN。

(4) PC3～PC7 使用 Mux-VLAN 进行配置，其中 PC3 为主 VLAN，PC4 和 PC5 为互通从 VLAN，PC6 和 PC7 为隔离从 VLAN。

使用如下命令配置交换机

(1) SW1 配置。

```
<Huawei>sys
```

创建 VLAN 10：

```
[Huawei]vlan 10
```

将端口划分至相应 VLAN，并配置 Trunk 接口。

```
[Huawei]int g0/0/1
[Huawei-GigabitEthernet0/0/1]port link-type access
[Huawei-GigabitEthernet0/0/1]port default  vlan 10
[Huawei]port-group group-member g0/0/22 g0/0/24
[Huawei-port-group]port link-type trunk
[Huawei-port-group]port trunk allow-pass vlan 10
[Huawei-port-group]qu
```

配置快速生成树协议：

```
[Huawei]stp enable
[Huawei]stp mode rstp
```

修改 SW1 优先级，使其成为根交换机：

```
[Huawei]stp priority 0
```

配置边缘端口：

```
[Huawei]int g0/0/1
[Huawei-GigabitEthernet0/0/1]stp edged-port enable
```

(2) SW2 配置。

配置交换机的 Trunk 接口：

```
<Huawei>sys
[Huawei]vlan 10
[Huawei]port-group group-member g0/0/22 g0/0/23
[Huawei-port-group]port link-type trunk
[Huawei-port-group]port trunk allow-pass vlan 10
[Huawei-port-group]qu
```

配置快速生成树协议：

```
[Huawei]stp enable
[Huawei]stp mode rstp
```

配置 Mux-VLAN：

```
[Huawei]vlan batch 20 30 40
[Huawei]vlan 20
[Huawei-vlan20]mux-vlan
[Huawei-vlan20]subordinate group 30
[Huawei-vlan20]subordinate separate 40
```

```
[Huawei-vlan20]qu
[Huawei]int g0/0/1
[Huawei-GigabitEthernet0/0/1]port link-type access
[Huawei-GigabitEthernet0/0/1]port default vlan 20
[Huawei-GigabitEthernet0/0/1]qu
[Huawei]port-group group-member g0/0/2 g0/0/3
[Huawei-port-group]port link-type access
[Huawei-port-group]port default vlan30
[Huawei-port-group]qu
[Huawei]port-group group-member g0/0/4 g0/0/5
[Huawei-port-group]port link-type access
[Huawei-port-group]port default vlan 40
[Huawei-port-group]qu
[Huawei]port-group group-member g0/0/1 t g0/0/5
[Huawei-port-group]port mux-vlan enable
```

(3) SW3 配置。

配置交换机的接口：

```
<Huawei>sys
[Huawei]vlan 10
[Huawei-vlan10]qu
[Huawei]int g0/0/1
[Huawei-GigabitEthernet0/0/1]port link-type access
[Huawei-GigabitEthernet0/0/1]port default vlan 10
[Huawei-GigabitEthernet0/0/1]qu
[Huawei]port-group group-member g0/0/23 g0/0/24
[Huawei-port-group]port link-type trunk
[Huawei-port-group]port trunk allow-pass vlan 10
[Huawei-port-group]qu
```

配置生成树协议：

```
[Huawei]stp enable
[Huawei]stp mode rstp
[Huawei]int g0/0/1
[Huawei-GigabitEthernet0/0/1]stp edged-port enable
```

实验验证

(1) 在 SW2 上使用 dis vlan 查看 Mux-VLAN 配置情况，如图 2-43 所示。

```
VID  Type     Ports
--------------------------------------------------------------------------------
1    common   UT:GE0/0/6(D)      GE0/0/7(D)      GE0/0/8(D)      GE0/0/9(D)
                 GE0/0/10(D)     GE0/0/11(D)     GE0/0/12(D)     GE0/0/13(D)
                 GE0/0/14(D)     GE0/0/15(D)     GE0/0/16(D)     GE0/0/17(D)
                 GE0/0/18(D)     GE0/0/19(D)     GE0/0/20(D)     GE0/0/21(D)
                 GE0/0/22(U)     GE0/0/23(U)     GE0/0/24(D)

10   common   TG:GE0/0/22(U)     GE0/0/23(U)

20   mux      UT:GE0/0/1(U)

30   mux-sub  UT:GE0/0/2(U)      GE0/0/3(U)

40   mux-sub  UT:GE0/0/4(U)      GE0/0/5(U)

VID  Status  Property      MAC-LRN Statistics Description
```

图 2-43　查看 VLAN 划分 10

从图 2-43 可以看到，SW2 交换机的 g0/0/22 和 g0/0/23 作为 Trunk 接口与 SW1 和 SW2 互联，同时配置了主 VLAN 为 20，所属接口为 g0/0/1，g0/0/2 到 g0/0/5 为从 VLAN。

(2) 查看 PC1 和 PC2 的通信情况，如图 2-44 所示。

```
PC>ping 192.168.1.2 -t

Ping 192.168.1.2: 32 data bytes, Press Ctrl_C to break
From 192.168.1.2: bytes=32 seq=1 ttl=128 time=62 ms
From 192.168.1.2: bytes=32 seq=2 ttl=128 time=79 ms
From 192.168.1.2: bytes=32 seq=3 ttl=128 time=78 ms
From 192.168.1.2: bytes=32 seq=4 ttl=128 time=62 ms
```

图 2-44　测试连通性 10

从图 2-44 可以看到，PC1 和 PC2 的通信没有问题。

(3) 将 SW1 的 g0/0/24 端口 shutdown，观察 PC1 和 PC2 还能否继续通信，如图 2-45、图 2-46 所示。

```
[Huawei]int g0/0/24
[Huawei-GigabitEthernet0/0/24]shu
[Huawei-GigabitEthernet0/0/24]shutdown
```

图 2-45　shutdown 关闭端口 3

从图 2-46 可以看到，即使将 SW1 的 g0/0/24 端口 shutdown 掉，快速生成树协议也会非常快地恢复网络。

```
From 192.168.1.2: bytes=32 seq=27 ttl=128 time=78 ms
From 192.168.1.2: bytes=32 seq=28 ttl=128 time=78 ms
From 192.168.1.2: bytes=32 seq=29 ttl=128 time=78 ms
From 192.168.1.2: bytes=32 seq=30 ttl=128 time=62 ms
From 192.168.1.2: bytes=32 seq=31 ttl=128 time=62 ms
From 192.168.1.2: bytes=32 seq=32 ttl=128 time=63 ms
From 192.168.1.2: bytes=32 seq=33 ttl=128 time=78 ms
From 192.168.1.2: bytes=32 seq=34 ttl=128 time=63 ms
From 192.168.1.2: bytes=32 seq=35 ttl=128 time=94 ms
Request timeout!
From 192.168.1.2: bytes=32 seq=37 ttl=128 time=110 ms
From 192.168.1.2: bytes=32 seq=38 ttl=128 time=94 ms
From 192.168.1.2: bytes=32 seq=39 ttl=128 time=78 ms
From 192.168.1.2: bytes=32 seq=40 ttl=128 time=94 ms
From 192.168.1.2: bytes=32 seq=41 ttl=128 time=110 ms
From 192.168.1.2: bytes=32 seq=42 ttl=128 time=93 ms
From 192.168.1.2: bytes=32 seq=43 ttl=128 time=94 ms
From 192.168.1.2: bytes=32 seq=44 ttl=128 time=79 ms
From 192.168.1.2: bytes=32 seq=45 ttl=128 time=110 ms
From 192.168.1.2: bytes=32 seq=46 ttl=128 time=93 ms
```

图 2-46　测试连通性 11

任务评价表

序号	任务考核点名称	任务考核指标	自我评价（0～10 分）	教师评价（0～10 分）
1	理解生成树协议	能够理解生成树协议产生的背景和意义		
2	端口选举	能够理解并熟练记忆生成树协议的端口选举流程		
3	端口状态	能够熟练记忆生成树协议的五种端口状态		
4	实验配置	能够熟练配置生成树协议实验并将端口 shutdown 以后还能正常进行通信		
5	Mux-VLAN 配置	熟悉 Mux-VLAN 三种属性，并熟练配置		
本次任务总结：				

2.7 【扩展阅读】

我国的国产化交换机发展历程可以追溯至 20 世纪 90 年代初，当时国内开始引进路由交换机技术。同年，联想成功开发出第一台国产路由器，这标志着中国路由交换机产业的发展从此开始。然而，在初始阶段，由于国内的宽带互联网尚未发展起来，路由交换机的需求量并不大。

随着宽带互联网的逐渐普及，中国路由交换机市场逐渐壮大。但当时，国外品牌的路由交换机市场占有率仍然很高，国内品牌的路由交换机市场份额相对较小。然而，随着中国经济的崛起和技术的不断发展，国内品牌的路由交换机在市场中的份额不断提升，外资品牌的市场份额则逐渐下降。

在这个过程中，一些国内企业开始自主研发交换机技术，并取得显著的成果。例如，华为发布了第一代全局服务路由器 NE5000E，成为中国路由交换机市场的一支新势力。这些企业不仅提高了产品的性能和质量，还推动了整个行业的发展。

近年来，随着技术的进步和应用场景的扩大，交换机在数据中心、园区网络、工业互联网等下游各类网络环境中的应用越来越广泛。同时，交换机技术也在不断发展，从最初的集线器（第一代交换机）到以太网交换机（第二代交换机），再到三层交换机（第三代交换机）以及支持更多业务功能的第四代交换机和第五代交换机。这些技术的进步不仅提高了交换机的性能和功能，还为用户提供了更加灵活、高效和安全的网络解决方案。

目前，国内交换机设备的代表厂商主要有华为、锐捷、中兴、华三等。这些企业在交换机领域积累了丰富的经验和技术优势，不仅在国内市场占据了重要地位，还在国际市场上取得了不俗的成绩。

总体来说，国产交换机的发展历程是一个从无到有、从弱到强的过程。随着技术的不断发展和应用场景的扩大，国内交换机企业在市场上的地位越来越重要，为国内网络设备产业的发展做出了重要贡献。

在本门课程中，我们不仅要深入了解其技术原理、应用场景和未来发展，还要通过学习，了解我们国产化网络设备的发展。国产网络设备的发展，是国家科技进步和产业自主创新的重要体现。它承载着国家的网络安全、信息传输与数据处理的重任，是国家信息安全体系的基石。

通过学习国产网络设备相关知识，我们要具备爱国情怀和民族自豪感。我们要明白，使用国产设备不仅是对技术的支持，更是对国家战略的响应。同时，我们还要认识到，网络设备不仅仅是技术的堆砌，更是文化的传承和价值的体现。在设计和研发过程中，我们要坚持自主创新，保护知识产权，体现社会主义核心价值观。

此外，我们还要培养责任感和使命感。作为未来的网络工程师和信息技术人员，我们始终肩负着保障网络安全、维护国家利益的重要职责，要有高度的责任感和使命感，始终将国家利益放在首位,为国家的网络事业贡献自己的力量。

在国产化网络设备的发展道路中,一定是充满荆棘异常艰辛的,因为我们在起步的时候使用的是别人的技术和产品,给我们提供的服务也是别人的东西。因此,我们在以后一定要时刻牢记,只有从内到外全面国产,才是真正的国产,而我们正是走在这条道路上的建设者。

2.8 【项目总结】

在本项目中,我们学习了交换机在网络中扮演的角色,同时我们也了解到交换机的转发原理,随着了解的不断深入,还学习了交换机的相关技术。在现网环境中,对交换机进行基于端口的 VLAN 划分、跨交换机的 VLAN 划分、VLAN 数据帧的格式以及特点、高级 VLAN 需求 Mux-VLAN,这些都是配置交换机非常基础的技术。同时,为了防止多台交换机组网产生的环路,我们学习了生成树协议,包括生成树协议的根桥、根端口、指定端口、阻塞端口的选举机制,以及如何配置生成树和快速生成树协议。最后,通过一次综合的二层交换机组网实验,巩固了本项目的学习内容。交换机作为网络组网中的基础,可以说伴随着我们整个网络工程师的生涯。

项目三：网络路由技术实战

3.1 【项目介绍】

学习网络路由技术，可以让你理解数据在跨越局域网时是如何传输的，并且路由技术作为网络系统运维的重要组成部分，不仅包含了网络基础知识，还包含了大量的实践内容。通过本项目的学习，你可以学会如何组建并维护一个中小型网络，并学会如何处理简单的网络故障。

3.2 【学习目标】

【知识目标】

1. 认识路由器的转发原理。
2. 了解静态路由的配置原理。
3. 了解汇总路由的计算原理。
4. 了解 OSPF 协议的工作原理。
5. 了解单臂路由的工作原理。
6. 了解三层交换的转发原理。

【技能目标】

1. 能够配置路由器的静态路由。
2. 能够计算并配置汇总路由。
3. 能够根据路由优先级来判断路由。
4. 能够配置单区域 OSPF 动态路由。
5. 能够配置单臂路由和三层交换来实现不同 VLAN 之间的通信。

【素质目标】

1. 培养网络技术学习热情。
2. 认识国产自主可控的重要性。
3. 树立科技报国志向。

3.3 任务一：网络路由基础

本任务知识点

路由(routing)是指分组从源到目的地时，决定端到端路径的网络范围的进程。路由器是工作在OSI参考模型第三层——网络层的数据包转发设备。路由器通过转发数据包来实现网络互联。虽然路由器可以支持多种协议(如TCP/IP、IPX/SPX、AppleTalk等协议)，但是在我国绝大多数路由器运行TCP/IP协议。路由器通常连接两个或多个由IP子网或点到点协议标识的逻辑端口，至少拥有1个物理端口。路由器根据接收到数据包中的网络层地址以及路由器内部维护的路由表决定输出端口以及下一跳地址，并且重写链路层数据包头实现转发数据包。路由器通过动态维护路由表来反映当前的网络拓扑，并通过网络上其他路由器交换路由和链路信息来维护路由表。

1. 为什么路由很重要

路由提高了网络通信的效率。网络通信故障会导致用户在等待网站页面加载的时间变长，还可能导致网站服务器崩溃，因为它们无法处理大量用户的访问。路由通过管理数据流量来最大限度地减少网络故障，从而使网络能够尽可能多地使用其容量而不会造成拥塞。

2. 什么是路由器

路由器是将计算机等设备和网络连接到其他网络的联网设备。路由器有三个主要功能。

(1) 路径确定。

路由器确定数据从源传输到目的地时所采用的路径。它试图通过分析延迟、容量和速度等网络指标来找到最佳路径。

(2) 数据转发。

路由器将数据转发到选定路径上的下一台设备，最终到达其目的地。设备和路由器可能位于同一网络，也可能位于不同网络。

(3) 负载均衡。

有时路由器可能会使用多个不同的路径发送相同数据包的副本，这样做是为了减少因数据丢失而导致的错误，创建冗余并管理流量。

3. 路由的工作原理

数据以数据包的形式沿着任何网络传输。每个数据包都有一个标头，其中包含有关数据包预定目的地的信息。当数据包向目的地移动时，多台路由器可能会对其进行多次路由。路由器每秒对数百万个数据包执行此过程数百万次。

当数据包到达时，路由器首先在路由表中查找其地址。这类似于乘客查阅公交时刻表以找到前往目的地的最佳公交路线。然后，路由器将数据包转发或移动到网络中的下一个点。

例如，当您从办公室网络中的计算机访问网站时，数据包首先会发送到办公室网络路由器。路由器查找标头数据包并确定数据包的目的地。然后，它查找其内部表并将数据包转发到网络内部的下一个路由器或另一台设备，如打印机。

4. 路由的类型

路由有两种不同的类型，取决于路由器创建路由表的方式，如果按照路由的状态，可分为静态路由和动态路由。

1）静态路由

在静态路由中，网络管理员使用静态表手动配置和选择网络路由。在网络设计或参数需要保持不变的情况下，静态路由非常有用。

这种路由技术的静态特性会带来预期的缺点，如网络拥塞。虽然管理员可以在链路出现故障时配置回退路径，但静态路由通常会降低网络的适应性和灵活性，从而限制网络性能。

2）动态路由

在动态路由中，路由器根据实际网络条件在运行时创建和更新路由表。它们尝试使用动态路由协议找到从源到目的地的最快路径，动态路由协议是一组用于创建、维护和更新动态路由表的规则。

动态路由的最大优势在于它可以适应不断变化的网络条件，包括流量、带宽和网络故障。

5. 主要的路由协议

路由协议是一组规则，用于指定路由器如何识别和转发网络路径上的数据包。路由协议分为两个不同的类别：内部网关协议和外部网关协议。

内部网关协议最适合自治系统，即由单一组织管理控制的网络。外部网关协议可以更好地管理两个自治系统之间的信息传输。

1）内部网关协议

这些协议评估自治系统，并根据以下不同的指标做出路由决策。

跳数：源和目的地之间的路由器数量。

延迟：将数据从源发送到目的地所花费的时间。

带宽：源和目的地之间的链路容量。

以下是内部网关协议的一些示例。

(1) 路由信息协议。

路由信息协议(RIP)依靠跳数来确定网络之间的最短路径。RIP 是一种传统协议,如今已经不再使用,因为它不能很好地扩展到更大规模的网络实施。

(2) 开放最短路径优先协议。

开放最短路径优先协议(OSPF)是从自治系统中的其他路由器收集信息,以确定通往数据包目的地的最短和最快路由。您可以使用各种路由算法或计算机进程实施 OSPF。

2) 外部网关协议

边界网关协议(BGP)是唯一的外部网关协议。

BGP 定义了通过互联网进行的通信。互联网是连接在一起的自治系统的大集合。每个自治系统都有自治系统号(ASN),它是通过向互联网号码分配机构注册而获得的。

BGP 的工作原理是跟踪最近的 ASN 并将目的地地址映射到其各自的 ASN。

6. 路由算法

路由算法是实现不同路由协议的软件程序。它们的工作原理是为每条链路分配一个成本数字;成本数字是使用各种网络指标计算的。每台路由器都尝试以最低的成本将数据包转发到下一个最佳链路。

以下是一些算法的示例。

(1) 距离矢量路由算法。

距离矢量路由算法要求所有路由器定期互相更新找到的最佳路径信息。每台路由器都会向所有已知目的地发送有关当前总成本评估的信息。

最终,网络中的每台路由器都会发现所有可能的目的地的最佳路径信息。

(2) 链路状态路由算法。

在链路状态路由中,每台路由器都会发现网络中的所有其他路由器。路由器利用此信息绘制整个网络的地图,然后计算任何数据包的最短路径。

3.4 任务二:静态路由技术

3.4.1 子任务一:基于静态路由构建公司网络实验

实验工单卡

实训名称		推荐工时	45 分钟
日期		地点	
指导老师		实训成绩	
学生姓名		班级	

续表

实训目的：
拓扑设计：
设备配置关键命令：
实训结果：

背景描述

××公司由于业务发展，需要用2台交换机来连接两个分公司，将两个分公司的网络进行互联。

创建图3-1所示的拓扑图，使用2台路由器AR2220和2台交换机S5700。

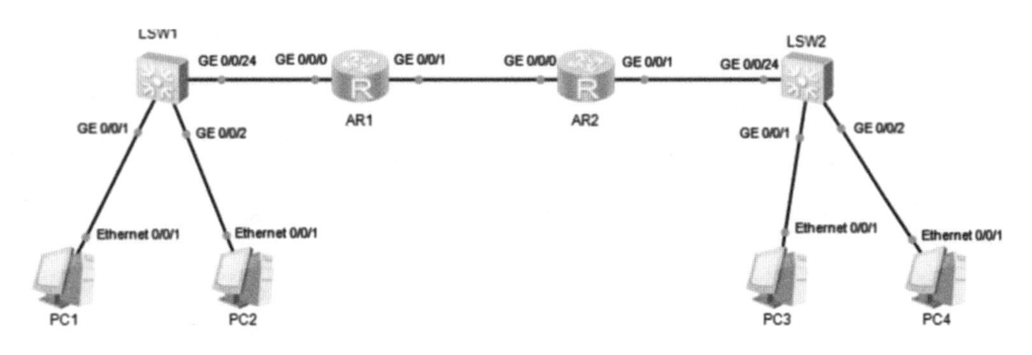

图3-1　静态路由实验拓扑图

配置步骤

与配置交换机的时候不太一样，配置路由器时一般需要先对IP地址进行规划，因为路由器的每个端口都需要配置一个独立的IP地址，用于连接所属该端口的子网。因此，我们在构建网络系统时，首先会对IP地址进行规划。按照规划，配置路由器的端口地址如下。

R1 g0/0/0：IP地址2.2.2.1/24；

R1 g0/0/1:IP 地址 1.1.1.1/24；

R2 g0/0/0:IP 地址 1.1.1.2/24；

R2 g0/0/1:IP 地址 3.3.3.1/24。

R1 配置：

```
[Huawei]int g0/0/0
[Huawei-GigabitEthernet0/0/0]ip add 2.2.2.1 24
[Huawei-GigabitEthernet0/0/0]int g0/0/1
[Huawei-GigabitEthernet0/0/1]ip add 1.1.1.1 24
[Huawei-GigabitEthernet0/0/1]qu
```

R2 配置：

```
[Huawei]int g0/0/0
[Huawei-GigabitEthernet0/0/0]ip address 1.1.1.2 24
[Huawei-GigabitEthernet0/0/0]int g0/0/1
[Huawei-GigabitEthernet0/0/1]ip address 3.3.3.1 24
[Huawei-GigabitEthernet0/0/1]qu   //退出端口配置模式
```

下面配置各部门计算机的 IP 地址(注意，需要把网关加上)。

PC1(网关 2.2.2.1)的 IP 地址配置如图 3-2 所示。

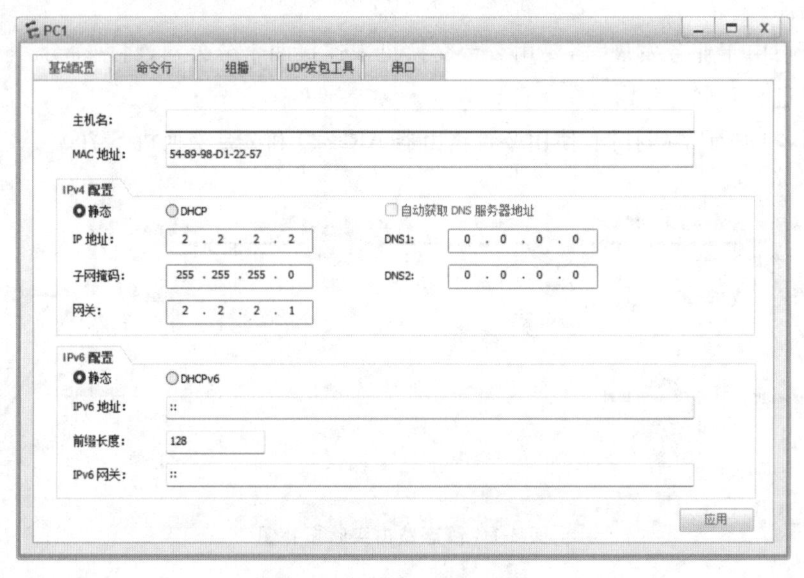

图 3-2 PC1 的 IP 地址配置 1

PC2(网关 2.2.2.1)的 IP 地址配置如图 3-3 所示。

PC3(网关 3.3.3.1)的 IP 地址配置如图 3-4 所示。

PC4(网关 3.3.3.1)的 IP 地址配置如图 3-5 所示。

在路由器 R1 上配置一条静态路由，目的地/掩码为 3.3.3.0/24，出端口为 g0/0/1，下

图 3-3　PC2 的 IP 地址配置 1

图 3-4　PC3 的 IP 地址配置 1

一跳 IP 地址为 1.1.1.2。

```
[Huawei]ip route-static 3.3.3.0 24 1.1.1.2   //静态路由目的网段 掩码 下一跳地址
```

在路由器 R2 上配置一条静态路由，目的地/掩码为 2.2.2.0/24，出端口为 g0/0/0，下一跳 IP 地址为 1.1.1.1。

```
[Huawei]ip route-static 2.2.2.0 24 1.1.1.1   //静态路由目的网段 掩码 下一跳地址
```

项目验证

在 R1 和 R2 路由器上输入 dis ip routing-table 命令查看路由表。

PC4

基础配置 | 命令行 | 组播 | UDP发包工具 | 串口

主机名：

MAC 地址：54-89-98-CF-36-DD

IPv4 配置

静态　DHCP　自动获取 DNS 服务器地址

IP 地址：3 . 3 . 3 . 3　DNS1：0 . 0 . 0 . 0

子网掩码：255 . 255 . 255 . 0　DNS2：0 . 0 . 0 . 0

网关：3 . 3 . 3 . 1

IPv6 配置

静态　DHCPv6

IPv6 地址：::

前缀长度：128

IPv6 网关：::

应用

图 3-5　PC4 的 IP 地址配置 1

R1 路由器上查看路由表如图 3-6 所示。

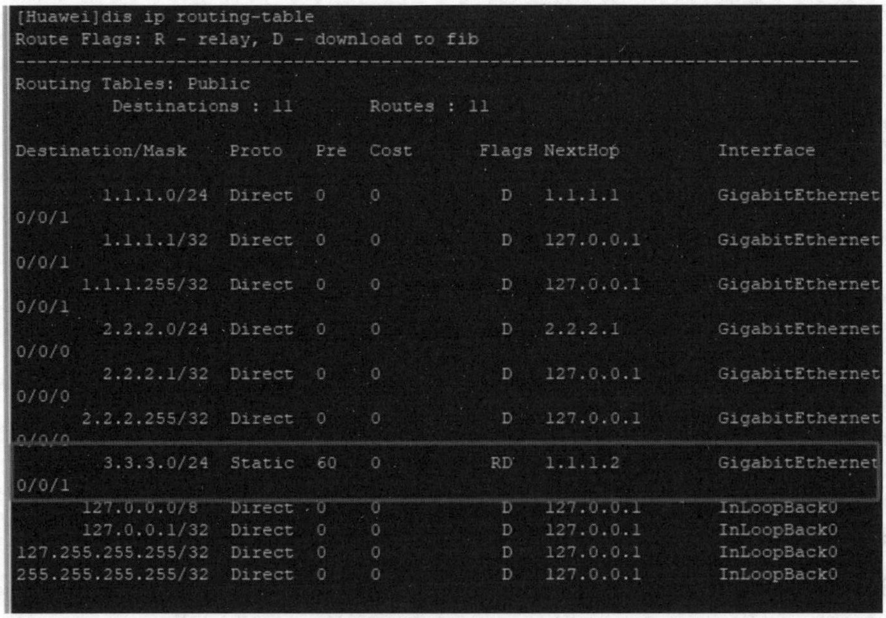

```
[Huawei]dis ip routing-table
Route Flags: R - relay, D - download to fib
------------------------------------------------------------------------------
Routing Tables: Public
         Destinations : 11       Routes : 11

Destination/Mask    Proto   Pre  Cost      Flags NextHop         Interface

        1.1.1.0/24  Direct  0    0           D   1.1.1.1         GigabitEthernet
0/0/1
        1.1.1.1/32  Direct  0    0           D   127.0.0.1       GigabitEthernet
0/0/1
      1.1.1.255/32  Direct  0    0           D   127.0.0.1       GigabitEthernet
0/0/1
        2.2.2.0/24  Direct  0    0           D   2.2.2.1         GigabitEthernet
0/0/0
        2.2.2.1/32  Direct  0    0           D   127.0.0.1       GigabitEthernet
0/0/0
      2.2.2.255/32  Direct  0    0           D   127.0.0.1       GigabitEthernet
0/0/0
        3.3.3.0/24  Static  60   0          RD   1.1.1.2         GigabitEthernet
0/0/1
      127.0.0.0/8   Direct  0    0           D   127.0.0.1       InLoopBack0
      127.0.0.1/32  Direct  0    0           D   127.0.0.1       InLoopBack0
127.255.255.255/32  Direct  0    0           D   127.0.0.1       InLoopBack0
255.255.255.255/32  Direct  0    0           D   127.0.0.1       InLoopBack0
```

图 3-6　查看路由表 1

从图 3-6 可以看到，R1 有一条目的网段为 3.3.3.0/24 的路由，下一跳地址为 1.1.1.2，出端口为 g0/0/1，优先级为 60 的静态路由。因此，该路由配置成功。

R2 路由器上查看路由表如图 3-7 所示。

```
[Huawei]dis ip routing-table
Route Flags: R - relay, D - download to fib
------------------------------------------------------------------------------
Routing Tables: Public
         Destinations : 11        Routes : 11

Destination/Mask    Proto   Pre  Cost      Flags NextHop         Interface

        1.1.1.0/24  Direct  0    0           D   1.1.1.2         GigabitEthernet
0/0/0
        1.1.1.2/32  Direct  0    0           D   127.0.0.1       GigabitEthernet
0/0/0
      1.1.1.255/32  Direct  0    0           D   127.0.0.1       GigabitEthernet
0/0/0
        2.2.2.0/24  Static  60   0          RD   1.1.1.1         GigabitEthernet
0/0/0
        3.3.3.0/24  Direct  0    0           D   3.3.3.1         GigabitEthernet
0/0/1
        3.3.3.1/32  Direct  0    0           D   127.0.0.1       GigabitEthernet
0/0/1
      3.3.3.255/32  Direct  0    0           D   127.0.0.1       GigabitEthernet
0/0/1
      127.0.0.0/8   Direct  0    0           D   127.0.0.1       InLoopBack0
      127.0.0.1/32  Direct  0    0           D   127.0.0.1       InLoopBack0
127.255.255.255/32  Direct  0    0           D   127.0.0.1       InLoopBack0
255.255.255.255/32  Direct  0    0           D   127.0.0.1       InLoopBack0
```

图 3-7　查看路由表 2

从图 3-7 可以看到，R2 有一条目的网段为 2.2.2.0/24 的路由，下一跳地址为 1.1.1.1，出端口为 g0/0/0，优先级为 60 的静态路由。因此，该路由配置成功。

测试连通性，如图 3-8 所示。

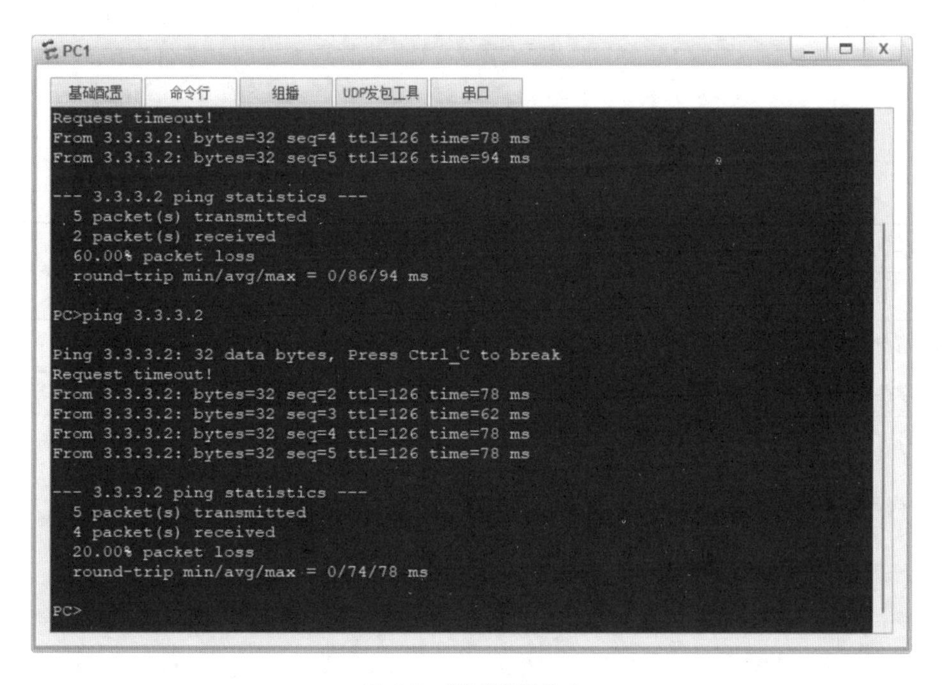

图 3-8　测试连通性 1

在PC1上对另一网段部门的PC进行ping测试，在网络收敛完成以后成功ping通，说明该路由已经生效。

任务评价表

序号	任务考核点名称	任务考核指标	自我评价（0～10分）	教师评价（0～10分）
1	理解路由器的转发原理	能够理解路由器是如何维护路由表，并且清楚路由表里面包含了哪些信息		
2	理解路由的概念	能够理解路由是如何产生的，并且熟记路由的分类		
3	规划IP地址	能够独立规划可用的IP地址		
4	实验配置	能够熟练配置路由器的端口IP地址和静态路由，理解目的网段、下一跳的概念		
本次任务总结：				

3.4.2 子任务二：基于静态路由构建公司网络实验

实验工单卡

实训名称		推荐工时	45分钟
日期		地点	
指导老师		实训成绩	
学生姓名		班级	
实训目的：			

续表

拓扑设计：
设备配置关键命令：
实训结果：

背景描述

现在你是一名公司的网络工程师，公司总部在北京，随着公司业务的发展，需要跟成都和广州两个地方的分公司进行网络组网，你需要根据领导的需求，完成网络配置。

创建图3-9所示的拓扑图，使用3台路由器AR2220。

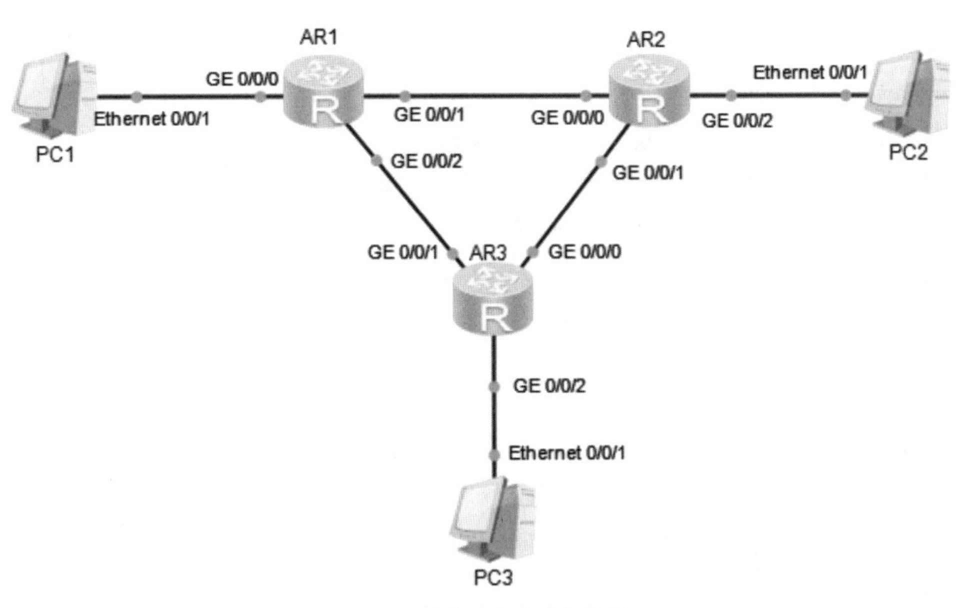

图3-9　静态路由实验拓扑图

配置步骤

配置路由器的端口地址如下。

R1 g0/0/0:IP 地址 10.10.10.1/24；

R1 g0/0/1:IP 地址 1.1.1.1/24；

R1 g0/0/2:IP 地址 2.2.2.1/24；

R2 g0/0/0:IP 地址 1.1.1.2/24；

R2 g0/0/1:IP 地址 3.3.3.1/24；

R2 g0/0/2:IP 地址 20.20.20.1/24；

R3 g0/0/0:IP 地址 3.3.3.2/24；

R3 g0/0/1:IP 地址 2.2.2.2/24；

R3 g0/0/2:IP 地址 30.30.30.1/24。

R1 配置：

```
<Huawei>system-view
[Huawei]int g0/0/0
[Huawei-GigabitEthernet0/0/0]ip add 10.10.10.1 24
[Huawei-GigabitEthernet0/0/0]int g0/0/1
[Huawei-GigabitEthernet0/0/1]ip add 1.1.1.1 24
[Huawei-GigabitEthernet0/0/1]int g0/0/2
[Huawei-GigabitEthernet0/0/2]ip add 2.2.2.1 24
```

R2 配置：

```
<Huawei>system-view
[Huawei]int g0/0/0
[Huawei-GigabitEthernet0/0/0]ip add 1.1.1.2 24
[Huawei-GigabitEthernet0/0/0]int g0/0/1
[Huawei-GigabitEthernet0/0/1]ip add 3.3.3.1 24
[Huawei-GigabitEthernet0/0/1]int g0/0/2
[Huawei-GigabitEthernet0/0/2]ip add 20.20.20.1 24
```

R3 配置：

```
<Huawei>system-view
[Huawei]int g0/0/0
[Huawei-GigabitEthernet0/0/0]ip add 3.3.3.2 24
[Huawei-GigabitEthernet0/0/0]int g0/0/1
[Huawei-GigabitEthernet0/0/1]ip add 2.2.2.2 24
[Huawei-GigabitEthernet0/0/1]int g0/0/2
[Huawei-GigabitEthernet0/0/2]ip add 30.30.30.1 24
```

在路由器 R1 上配置两条静态路由。

目的地/掩码为 20.20.20.0/24，出端口为 g0/0/1，下一跳 IP 地址为 1.1.1.2。

[R1]ip route-static 20.20.20.0 24 1.1.1.2

目的地/掩码为 30.30.30.0/24，出端口为 g0/0/2，下一跳 IP 地址为 2.2.2.2。

[R1]ip route-static 30.30.30.0 24 2.2.2.2

在路由器 R2 上配置两条静态路由。

目的地/掩码为 10.10.10.0/24，出端口为 g0/0/0，下一跳 IP 地址为 1.1.1.1。

[R2]ip route-static 10.10.10.0 24 1.1.1.1

目的地/掩码为 30.30.30.0/24，出端口为 g0/0/1，下一跳 IP 地址为 3.3.3.2。

[R2]ip route-static 30.30.30.0 24 3.3.3.2

在路由器 R3 上配置两条静态路由。

目的地/掩码为 10.10.10.0/24，出端口为 g0/0/1，下一跳 IP 地址为 2.2.2.1。

[R3]ip route-static 10.10.10.0 24 2.2.2.1

目的地/掩码为 20.20.20.0/24，出端口为 g0/0/0，下一跳 IP 地址为 3.3.3.1。

[R3]ip route-static 20.20.20.0 24 3.3.3.1

配置各部门计算机 IP 地址（需要把网关加上）。

PC1 的 IP 地址配置如图 3-10 所示。

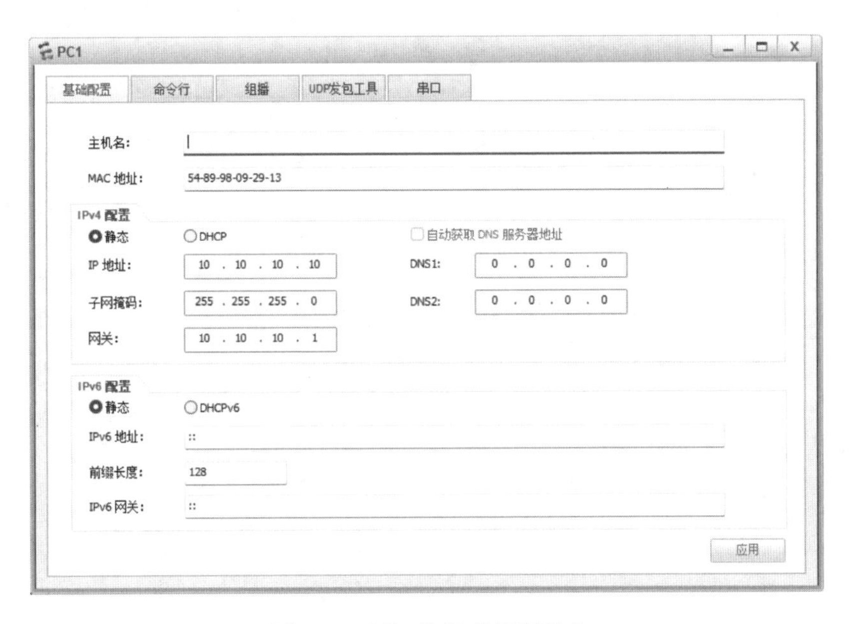

图 3-10 PC1 的 IP 地址配置 2

PC2 的 IP 地址配置如图 3-11 所示。

PC3 的 IP 地址配置如图 3-12 所示。

项目验证

在 R1、R2、R3 路由器上输入 dis ip routing-table 命令查看路由表。

R1 路由器上查看路由表如图 3-13 所示。

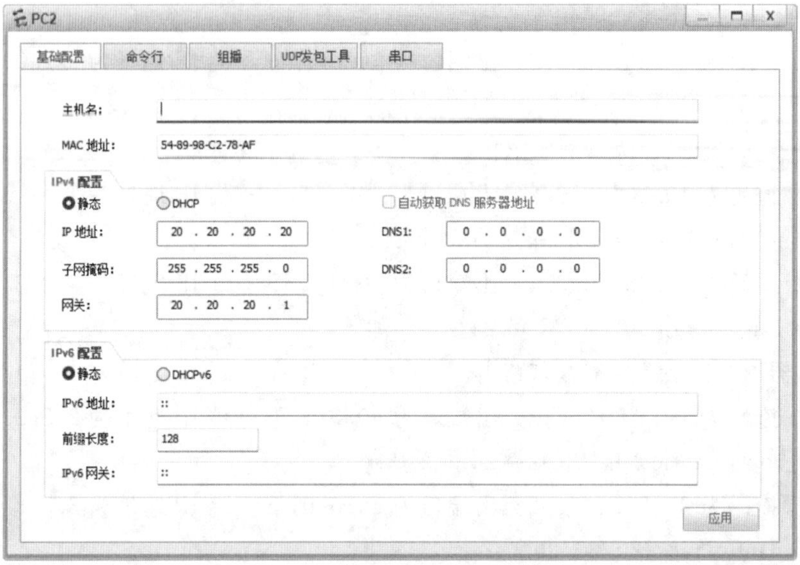

图 3-11　PC2 的 IP 地址配置 2

图 3-12　PC3 的 IP 地址配置 2

从图 3-13 可以看到，R1 已经有两条目的网段分别为 20.20.20.0/24 和 30.30.30.0/24 的路由，说明路由配置成功。

R2 路由器上查看路由表如图 3-14 所示。

从图 3-14 可以看到，R2 已经有两条目的网段分别为 10.10.10.0/24 和 30.30.30.0/24 的路由，说明路由配置成功。

R3 路由器上查看路由表如图 3-15 所示。

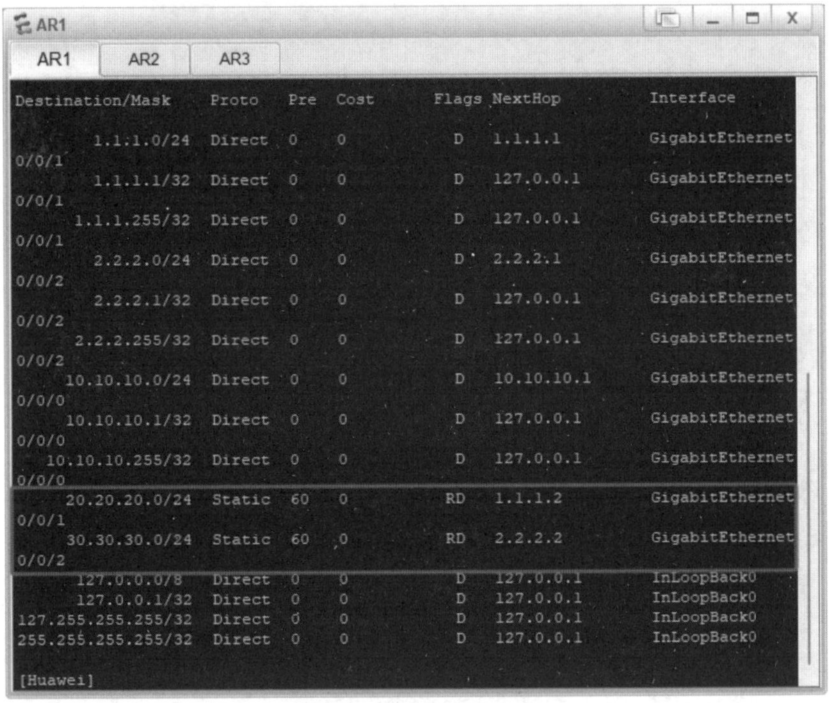

```
AR1
AR1  AR2  AR3
Destination/Mask    Proto   Pre  Cost      Flags NextHop         Interface

        1.1.1.0/24  Direct  0    0           D   1.1.1.1         GigabitEthernet
0/0/1
        1.1.1.1/32  Direct  0    0           D   127.0.0.1       GigabitEthernet
0/0/1
      1.1.1.255/32  Direct  0    0           D   127.0.0.1       GigabitEthernet
0/0/1
        2.2.2.0/24  Direct  0    0           D   2.2.2.1         GigabitEthernet
0/0/2
        2.2.2.1/32  Direct  0    0           D   127.0.0.1       GigabitEthernet
0/0/2
      2.2.2.255/32  Direct  0    0           D   127.0.0.1       GigabitEthernet
0/0/2
     10.10.10.0/24  Direct  0    0           D   10.10.10.1      GigabitEthernet
0/0/0
     10.10.10.1/32  Direct  0    0           D   127.0.0.1       GigabitEthernet
0/0/0
   10.10.10.255/32  Direct  0    0           D   127.0.0.1       GigabitEthernet
0/0/0
     20.20.20.0/24  Static  60   0          RD   1.1.1.2         GigabitEthernet
0/0/1
     30.30.30.0/24  Static  60   0          RD   2.2.2.2         GigabitEthernet
0/0/2
      127.0.0.0/8   Direct  0    0           D   127.0.0.1       InLoopBack0
      127.0.0.1/32  Direct  0    0           D   127.0.0.1       InLoopBack0
127.255.255.255/32  Direct  0    0           D   127.0.0.1       InLoopBack0
255.255.255.255/32  Direct  0    0           D   127.0.0.1       InLoopBack0

[Huawei]
```

图 3-13　查看路由表 3

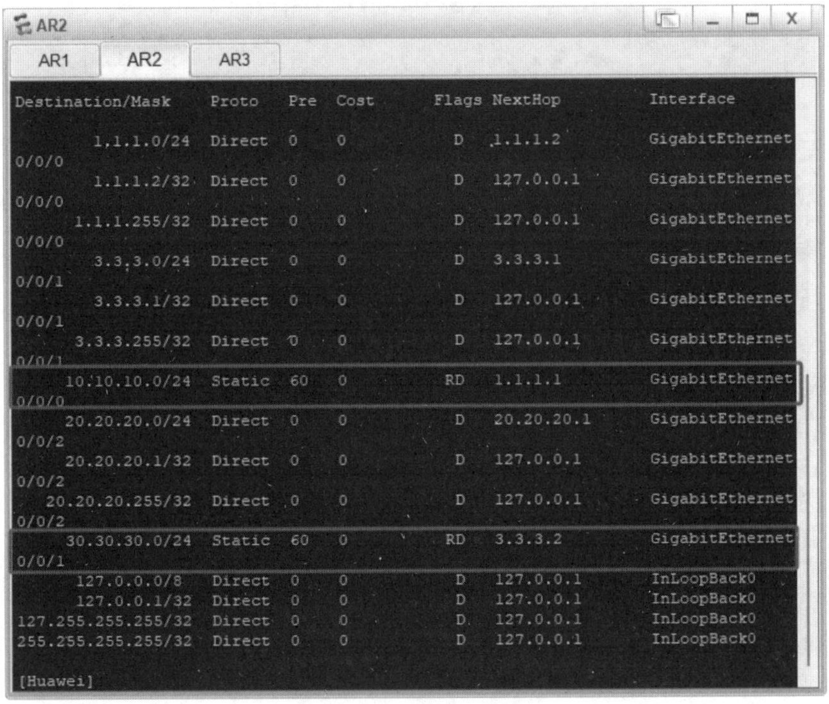

```
AR2
AR1  AR2  AR3
Destination/Mask    Proto   Pre  Cost      Flags NextHop         Interface

        1.1.1.0/24  Direct  0    0           D   1.1.1.2         GigabitEthernet
0/0/0
        1.1.1.2/32  Direct  0    0           D   127.0.0.1       GigabitEthernet
0/0/0
      1.1.1.255/32  Direct  0    0           D   127.0.0.1       GigabitEthernet
0/0/0
        3.3.3.0/24  Direct  0    0           D   3.3.3.1         GigabitEthernet
0/0/1
        3.3.3.1/32  Direct  0    0           D   127.0.0.1       GigabitEthernet
0/0/1
      3.3.3.255/32  Direct  0    0           D   127.0.0.1       GigabitEthernet
0/0/1
     10.10.10.0/24  Static  60   0          RD   1.1.1.1         GigabitEthernet
0/0/0
     20.20.20.0/24  Direct  0    0           D   20.20.20.1      GigabitEthernet
0/0/2
     20.20.20.1/32  Direct  0    0           D   127.0.0.1       GigabitEthernet
0/0/2
   20.20.20.255/32  Direct  0    0           D   127.0.0.1       GigabitEthernet
0/0/2
     30.30.30.0/24  Static  60   0          RD   3.3.3.2         GigabitEthernet
0/0/1
      127.0.0.0/8   Direct  0    0           D   127.0.0.1       InLoopBack0
      127.0.0.1/32  Direct  0    0           D   127.0.0.1       InLoopBack0
127.255.255.255/32  Direct  0    0           D   127.0.0.1       InLoopBack0
255.255.255.255/32  Direct  0    0           D   127.0.0.1       InLoopBack0

[Huawei]
```

图 3-14　查看路由表 4

```
AR3
AR1  AR2  AR3
Destination/Mask    Proto   Pre  Cost      Flags NextHop         Interface

        2.2.2.0/24  Direct  0    0           D   2.2.2.2         GigabitEthernet
0/0/1
        2.2.2.2/32  Direct  0    0           D   127.0.0.1       GigabitEthernet
0/0/1
      2.2.2.255/32  Direct  0    0           D   127.0.0.1       GigabitEthernet
0/0/1
        3.3.3.0/24  Direct  0    0           D   3.3.3.2         GigabitEthernet
0/0/0
        3.3.3.2/32  Direct  0    0           D   127.0.0.1       GigabitEthernet
0/0/0
      3.3.3.255/32  Direct  0    0           D   127.0.0.1       GigabitEthernet
0/0/0
     10.10.10.0/24  Static  60   0          RD   2.2.2.1         GigabitEthernet
0/0/1
     20.20.20.0/24  Static  60   0          RD   3.3.3.1         GigabitEthernet
0/0/0
     30.30.30.0/24  Direct  0    0           D   30.30.30.1      GigabitEthernet
0/0/2
     30.30.30.1/32  Direct  0    0           D   127.0.0.1       GigabitEthernet
0/0/2
   30.30.30.255/32  Direct  0    0           D   127.0.0.1       GigabitEthernet
0/0/2
      127.0.0.0/8   Direct  0    0           D   127.0.0.1       InLoopBack0
      127.0.0.1/32  Direct  0    0           D   127.0.0.1       InLoopBack0
127.255.255.255/32  Direct  0    0           D   127.0.0.1       InLoopBack0
255.255.255.255/32  Direct  0    0           D   127.0.0.1       InLoopBack0

[Huawei]
```

图 3-15　查看路由表 5

从图 3-15 可以看到，R3 已经有两条目的网段分别为 10.10.10.0/24 和 20.20.20.0/24 的路由，说明路由配置成功。

测试连通性，如图 3-16 所示。

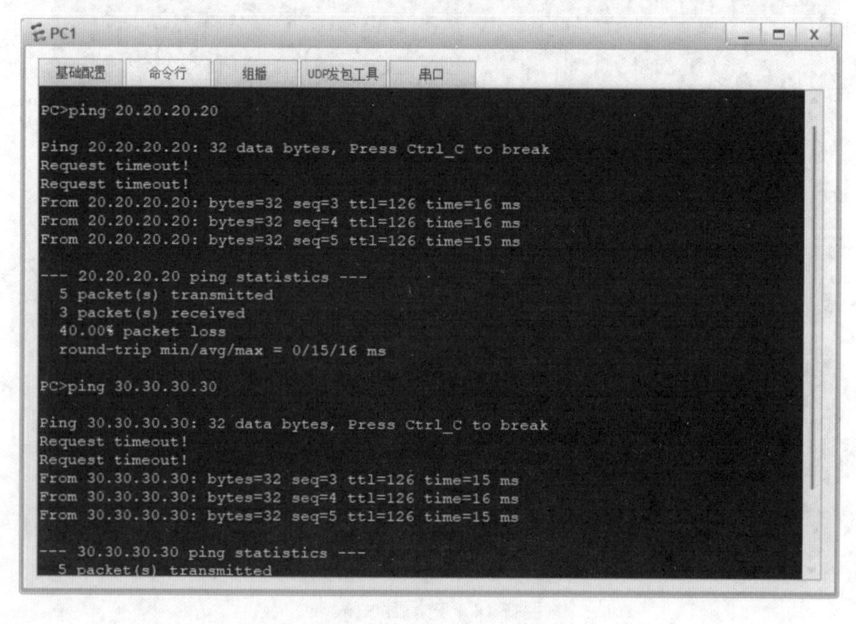

图 3-16　测试连通性 2

经过测试，PC1 可以通过路由器访问 PC2 和 PC3，说明实验配置成功。

任务评价表

序号	任务考核点名称	任务考核指标	自我评价（0～10 分）	教师评价（0～10 分）
1	理解路由器的转发原理	能够理解路由器是如何维护路由表，并且清楚路由表里面包含了哪些信息		
2	理解路由的概念	能够理解路由是如何产生的，并且熟记路由的分类		
3	规划 IP 地址	能够独立规划可用的 IP 地址		
4	实验配置	能够熟练配置路由器的端口 IP 地址和静态路由，理解目的网段、下一跳的概念		
本次任务总结：				

3.4.3 子任务三：基于默认路由构建公司网络

实验工单卡

实训名称		推荐工时	45 分钟
日期		地点	
指导老师		实训成绩	
学生姓名		班级	
实训目的：			
拓扑设计：			

续表

设备配置关键命令：
实训结果：

背景描述

××公司随着业务发展，需要组建一个中小型网络，供内部员工使用。目前有以下两点需求：① 公司办公大楼分为两层，在拓扑图中分为左右两边，分别由 2 台路由器进行连接；② 两层的员工除了互相访问以外，还需要访问互联网，在拓扑图中用 PC5 进行代替。

创建图 3-17 所示的拓扑图，使用 3 台路由器 AR2220 和 2 台交换机 S5700。

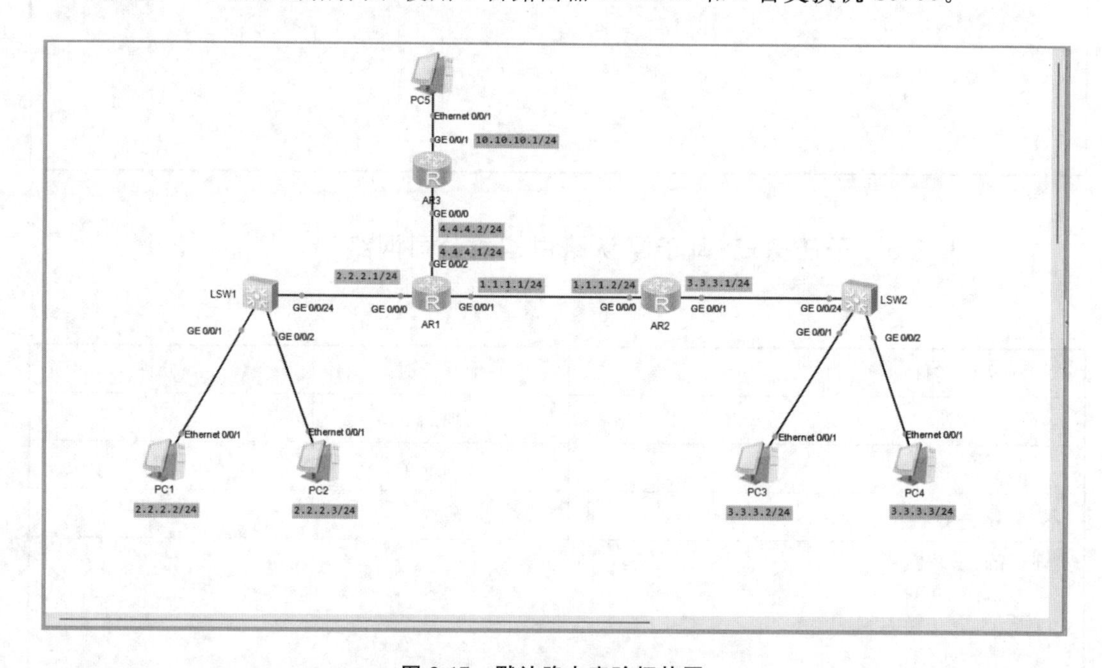

图 3-17　默认路由实验拓扑图

PC1 IP 地址：2.2.2.2/24（网关：2.2.2.1）。

PC2 IP 地址：2.2.2.3/24（网关：2.2.2.1）。

PC3 IP 地址：3.3.3.2/24（网关：3.3.3.1）。

PC4 IP 地址：3.3.3.3/24（网关：3.3.3.1）。

PC5 IP 地址：10.10.10.10/24（网关：10.10.10.1）。

R1 IP 地址配置：

g0/0/0：2.2.2.1/24。

g0/0/1：1.1.1.1/24。

g0/0/2：4.4.4.1/24。

R2 IP 地址配置：

g0/0/0：1.1.1.2/24。

g0/0/1：3.3.3.1/24。

R3 IP 地址配置：

g0/0/0：4.4.4.2/24。

g0/0/1：10.10.10.1/24。

配置步骤

(1) 配置各路由器端口地址。

R1 配置：

```
<Huawei>system-view
[Huawei]interface GigabitEthernet0/0/0
[Huawei-GigabitEthernet0/0/0]ip add 2.2.2.1 24
[Huawei-GigabitEthernet0/0/0]int g0/0/1
[Huawei-GigabitEthernet0/0/1]ip add 1.1.1.1 24
[Huawei-GigabitEthernet0/0/1]int g0/0/2
[Huawei-GigabitEthernet0/0/2]ip add 4.4.4.1 24
```

R2 配置：

```
<Huawei>system-view
[Huawei]interface GigabitEthernet0/0/0
[Huawei-GigabitEthernet0/0/0]ip add 1.1.1.2 24
[Huawei]interface GigabitEthernet0/0/1
[Huawei-GigabitEthernet0/0/1]ip add 3.3.3.1 24
```

R3 配置：

```
<Huawei>system-view
[Huawei]interface GigabitEthernet0/0/0
[Huawei-GigabitEthernet0/0/0]ip add 4.4.4.2 24
[Huawei]interface GigabitEthernet0/0/1
[Huawei-GigabitEthernet0/0/0]ip add 10.10.10.1 24
```

(2) 路由配置。

在路由器 R1 上配置一条静态路由，目的地/掩码为 3.3.3.0/24，下一跳地址为路由器 R2 的 g0/0/0 端口的 IP 地址 1.1.1.2，另外，在路由器 R1 上配置一条默认路由，该默认路由的下一跳地址为路由器 R3 的 g0/0/0 端口的 IP 地址 4.4.4.2。

[Huawei]ip route-static 3.3.3.0 24 1.1.1.2

[Huawei]ip route static 0.0.0.0 0 4.4.4.2

在路由器 R2 上配置一条默认路由，该默认路由的下一跳地址为路由器 R1 的 g0/0/1 端口的地址 1.1.1.1。

[Huawei]ip route-static 0.0.0.0 0 1.1.1.1

在路由器 R3 上配置一条默认路由，下一跳 IP 地址均为路由器 R1 的 g0/0/2 端口的 IP 地址 4.4.4.1。

[Huawei]ip route-static 0.0.0.0 0 4.4.4.1

实验验证

(1) 测试 PC1 到 PC3 和 PC4 的连通性，如图 3-18 所示。

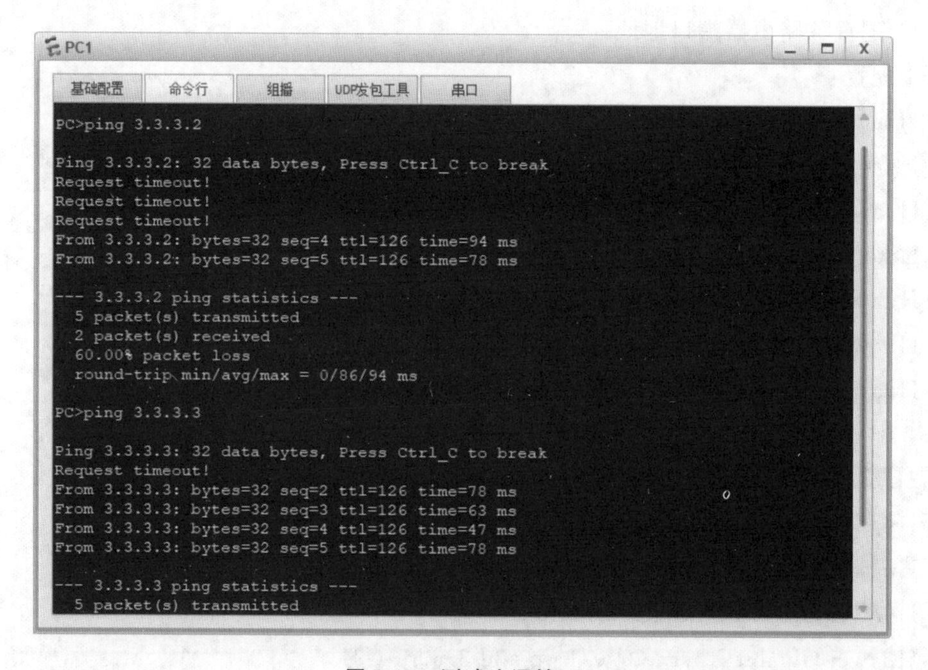

图 3-18 测试连通性 3

从图 3-18 可以看出，PC1 与 PC3 和 PC4 的通信正常。

(2) 测试 PC1 到 PC5 的连通性，如图 3-19 所示。

从图 3-19 可以看出，PC1 能够与 PC5 进行通信。

(3) 通过 dis ip routing-table 命令查看 R1、R2、R3 上面的路由表。

R1 路由器上查看路由表如图 3-20 所示。

从图 3-20 可以看出，R1 除了有一条目的网段为 3.3.3.0/24 的路由以外，还有一条目的地址是 0.0.0.0/0 的默认路由，这样的路由配置使得路由器在遇到非 3.3.3.0/24 的网段的时候，知道如何转发数据。

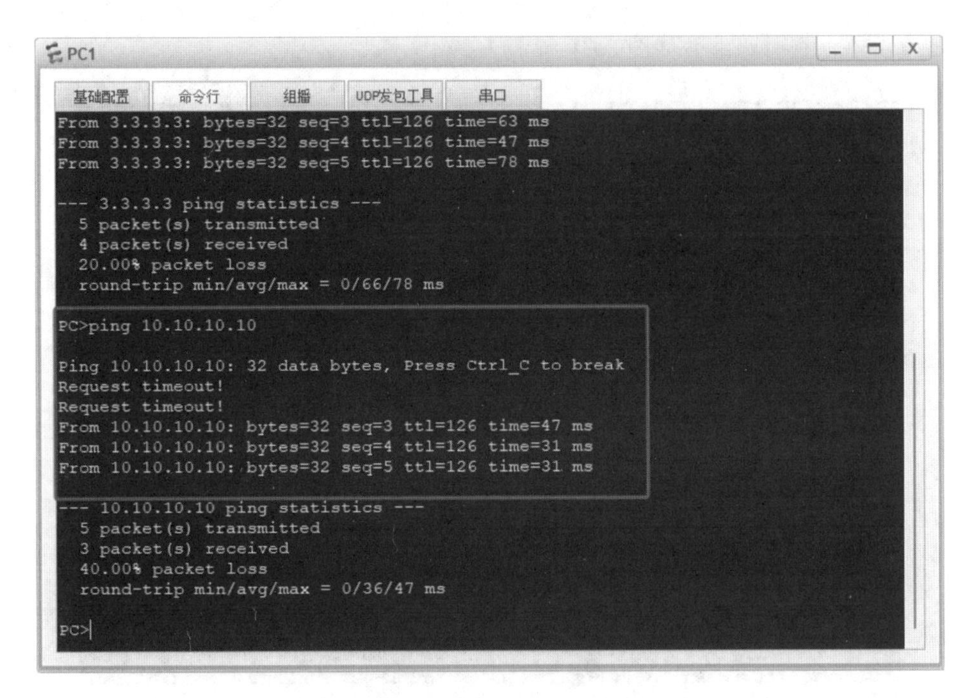

图 3-19　测试连通性 4

```
[Huawei]dis ip routing-table
Route Flags: R - relay, D - download to fib
------------------------------------------------------------------------------
Routing Tables: Public
         Destinations : 15       Routes : 15

Destination/Mask    Proto   Pre  Cost      Flags NextHop         Interface

        0.0.0.0/0   Static  60   0           RD  4.4.4.2         GigabitEthernet
0/0/2
        1.1.1.0/24  Direct  0    0            D  1.1.1.1         GigabitEthernet
0/0/1
        1.1.1.1/32  Direct  0    0            D  127.0.0.1       GigabitEthernet
0/0/1
      1.1.1.255/32  Direct  0    0            D  127.0.0.1       GigabitEthernet
0/0/1
        2.2.2.0/24  Direct  0    0            D  2.2.2.1         GigabitEthernet
0/0/0
        2.2.2.1/32  Direct  0    0            D  127.0.0.1       GigabitEthernet
0/0/0
      2.2.2.255/32  Direct  0    0            D  127.0.0.1       GigabitEthernet
0/0/0
        3.3.3.0/24  Static  60   0           RD  1.1.1.2         GigabitEthernet
0/0/1
        4.4.4.0/24  Direct  0    0            D  4.4.4.1         GigabitEthernet
0/0/2
        4.4.4.1/32  Direct  0    0            D  127.0.0.1       GigabitEthernet
0/0/2
      4.4.4.255/32  Direct  0    0            D  127.0.0.1       GigabitEthernet
0/0/2
      127.0.0.0/8   Direct  0    0            D  127.0.0.1       InLoopBack0
      127.0.0.1/32  Direct  0    0            D  127.0.0.1       InLoopBack0
127.255.255.255/32  Direct  0    0            D  127.0.0.1       InLoopBack0
255.255.255.255/32  Direct  0    0            D  127.0.0.1       InLoopBack0
```

图 3-20　查看路由表 6

R2 路由器上查看路由表如图 3-21 所示。

```
[Huawei]dis ip routing-table
Route Flags: R - relay, D - download to fib
------------------------------------------------------------------------------
Routing Tables: Public
         Destinations : 11       Routes : 11

Destination/Mask    Proto   Pre  Cost      Flags NextHop         Interface

        0.0.0.0/0   Static  60   0           RD   1.1.1.1         GigabitEthernet
0/0/0
        1.1.1.0/24  Direct  0    0           D    1.1.1.2         GigabitEthernet
0/0/0
        1.1.1.2/32  Direct  0    0           D    127.0.0.1       GigabitEthernet
0/0/0
      1.1.1.255/32  Direct  0    0           D    127.0.0.1       GigabitEthernet
0/0/0
        3.3.3.0/24  Direct  0    0           D    3.3.3.1         GigabitEthernet
0/0/1
        3.3.3.1/32  Direct  0    0           D    127.0.0.1       GigabitEthernet
0/0/1
      3.3.3.255/32  Direct  0    0           D    127.0.0.1       GigabitEthernet
0/0/1
      127.0.0.0/8   Direct  0    0           D    127.0.0.1       InLoopBack0
      127.0.0.1/32  Direct  0    0           D    127.0.0.1       InLoopBack0
127.255.255.255/32  Direct  0    0           D    127.0.0.1       InLoopBack0
255.255.255.255/32  Direct  0    0           D    127.0.0.1       InLoopBack0

[Huawei]
```

图 3-21　查看路由表 7

从图 3-21 可以看到，R2 上有一条目的网段为 0.0.0.0/0 的静态路由，这种静态路由称为默认路由。意思是路由器无论接收到什么目的网段的数据，都往 1.1.1.1 的下一跳地址进行数据转发。

R3 路由器上查看路由表如图 3-22 所示。

```
[Huawei]dis ip routing-table
Route Flags: R - relay, D - download to fib
------------------------------------------------------------------------------
Routing Tables: Public
         Destinations : 11       Routes : 11

Destination/Mask    Proto   Pre  Cost      Flags NextHop         Interface

        0.0.0.0/0   Static  60   0           RD   4.4.4.1         GigabitEthernet
0/0/0
        4.4.4.0/24  Direct  0    0           D    4.4.4.2         GigabitEthernet
0/0/0
        4.4.4.2/32  Direct  0    0           D    127.0.0.1       GigabitEthernet
0/0/0
      4.4.4.255/32  Direct  0    0           D    127.0.0.1       GigabitEthernet
0/0/0
     10.10.10.0/24  Direct  0    0           D    10.10.10.1      GigabitEthernet
0/0/1
     10.10.10.1/32  Direct  0    0           D    127.0.0.1       GigabitEthernet
0/0/1
   10.10.10.255/32  Direct  0    0           D    127.0.0.1       GigabitEthernet
0/0/1
      127.0.0.0/8   Direct  0    0           D    127.0.0.1       InLoopBack0
      127.0.0.1/32  Direct  0    0           D    127.0.0.1       InLoopBack0
127.255.255.255/32  Direct  0    0           D    127.0.0.1       InLoopBack0
255.255.255.255/32  Direct  0    0           D    127.0.0.1       InLoopBack0

[Huawei]
```

图 3-22　查看路由表 8

从图 3-22 可以看到，R3 上有一条目的网段为 0.0.0.0/0 的静态路由，这种静态路由称为默认路由。意思是路由器无论接收到什么目的网段的数据，都往 4.4.4.1 的下一跳地址进行数据转发。

(4) 通过 tracert 命令查看数据包走向。

在 PC1 上使用 tracert 命令，查看到 PC3 的数据走向，如图 3-23 所示。

```
PC>tracert 3.3.3.2

traceroute to 3.3.3.2, 8 hops max
(ICMP), press Ctrl+C to stop
 1  2.2.2.1    62 ms  31 ms  47 ms
 2  1.1.1.2    63 ms  47 ms  47 ms
 3    *3.3.3.2    46 ms  79 ms
```

图 3-23　路由跟踪 1

从图 3-23 可以看到，数据包先到了 2.2.2.1，再到了 1.1.1.2，最后到达 3.3.3.2，因此我们可以判定数据包的走向如图 3-24 所示。

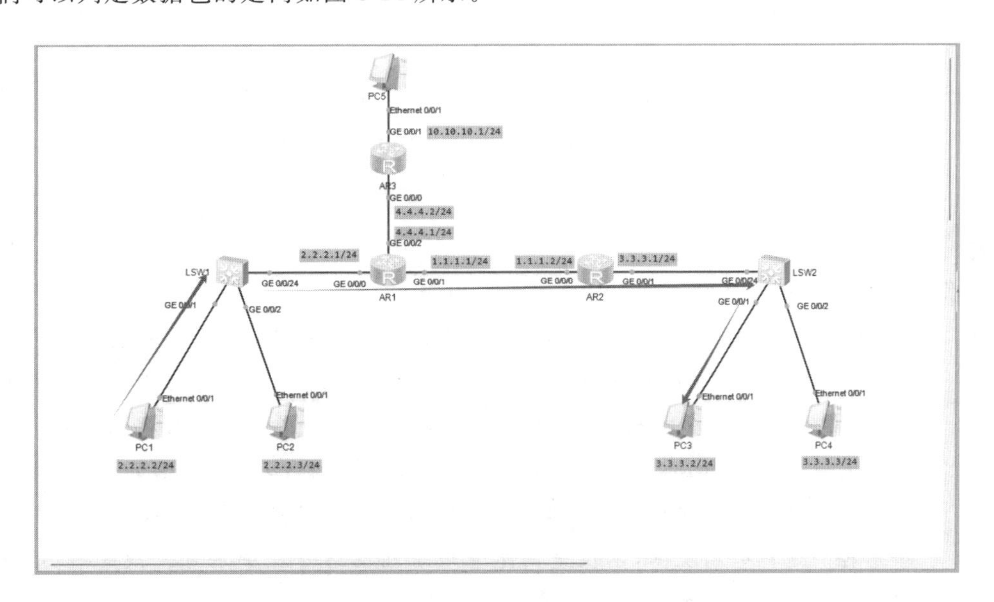

图 3-24　路由跟踪示意图 1

在 PC1 上使用 tracert 命令，查看到 PC5 的数据走向，如图 3-25 所示。

```
PC>tracert 10.10.10.10

traceroute to 10.10.10.10, 8 hops max
(ICMP), press Ctrl+C to stop
 1  2.2.2.1    31 ms  47 ms  47 ms
 2  4.4.4.2    62 ms  31 ms  47 ms
 3    *10.10.10.10   32 ms  46 ms
```

图 3-25　路由跟踪 2

从图 3-25 可以看到，数据包先到了 2.2.2.1，再到 4.4.4.2，最后到达 10.10.10.10，因此我们可以判定数据包的走向如图 3-26 所示。

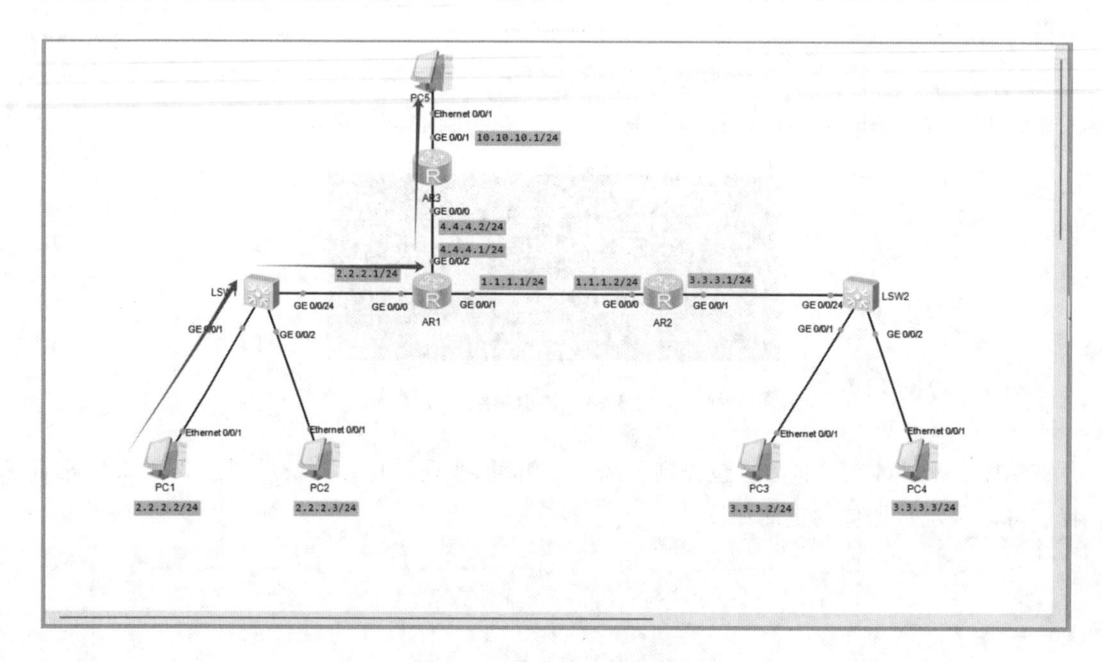

图 3-26　路由跟踪示意图 2

工程师提示

在配置默认路由实验的时候，需要先理解什么是默认路由，其实就是不论什么数据，都有一个默认转发路径，这个 0.0.0.0/0 代表着任意网段。在现网通信中，经常使用默认路由来进行网络组网，在默认路由配置完成以后，再根据需要，配置其他静态路由来满足业务的网络访问需求。因此，默认路由的设置，要求网络管理员具备全局观念，能够站在整个网络架构的高度，审视并规划数据包的传输路径。这种全局观念，不仅是网络管理员在网络管理中不可或缺的能力，更是在生活和学习中应当培养的重要素质。它教会我们，在面对问题时，要从整体出发，综合考虑各种因素，做出最优的决策。

任务评价表

序号	任务考核点名称	任务考核指标	自我评价（0～10分）	教师评价（0～10分）
1	理解路由器的转发原理	能够理解路由器是如何维护路由表，并且清楚路由表里面包含了哪些信息		
2	理解路由的概念	能够理解路由是如何产生的，并且熟记路由的分类		
3	规划 IP 地址	能够独立规划可用的 IP 地址		
4	实验配置	能够熟练配置路由器的端口 IP 地址和默认路由，理解目的网段、下一跳的概念		
本次任务总结：				

3.4.4 子任务四：基于浮动路由配置备份链路

实验工单卡

实训名称		推荐工时	45 分钟
日期		地点	
指导老师		实训成绩	
学生姓名		班级	
实训目的：			
拓扑设计：			

续表

设备配置关键命令：
实训结果：

背景描述

在现在的网络通信领域，单一的链路连接往往被视为具有单点故障的风险，在某些领域（如金融、交通、政务、医疗行业）该风险是不被允许的。因为这些行业的信息系统若出现通信故障，会导致极其严重的损失，因此需要对这些行业的网络通信配置冗余链路，以保障链路的高可用性，消除单点故障带来的风险。浮动路由就是一项用来解决这个问题的技术。

在前面的学习中，我们了解到路由实际上是具有优先级的，同一目的网段的路由，路由器会根据优先级来选择最优路径进行转发。图 3-27 所示的为常见的路由协议优先级，数字越小，优先级越高。

路由类型	优先级的默认值
直连路由	0
OSPF	10
静态路由	60
RIP	100
BGP	255

图 3-27 路由优先级

从图 3-27 不难看出，直连路由的优先级最高，而 BGP 之类的外部网关路由优先级则是 255，相对来说较低。这是因为在局域网内部，路由器实际上仅仅关心内部网络的传输，对于外部网关等大型网络的路由，会使用更加先进的技术来解决相关问题。因此，我们在学习路由优先级的时候，需要随时将这些优先级牢记于心。本次实验，实际上就是对优先级进行修改，以达到备份链路的目的。

创建图 3-28 所示的拓扑图，使用 2 台路由器 AR2220。IP 地址的规划如表 3-1 所示。

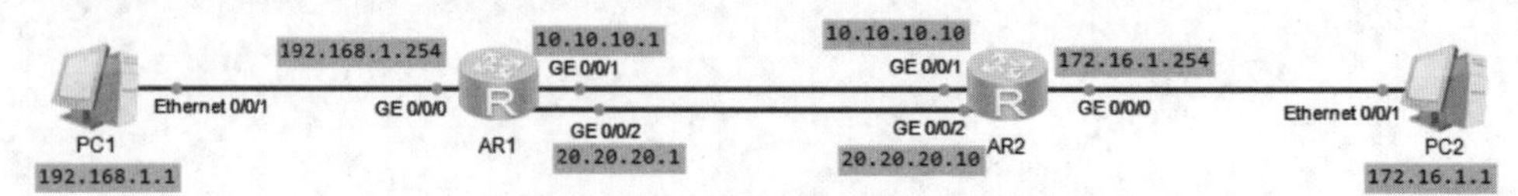

图 3-28 浮动路由实验拓扑图

表 3-1　IP 地址规划表

设备	端口	IP 地址
R1	g0/0/0	192.168.1.254/24
R1	g0/0/1	10.10.10.1/24
R1	g0/0/2	20.20.20.1/24
R2	g0/0/0	172.16.1.254/24
R2	g0/0/1	10.10.10.10/24
R2	g0/0/2	20.20.20.10/24
PC1	Eth0/0/1	192.168.1.1/24
PC2	Eth0/0/1	172.16.1.1/24

配置步骤

配置各路由器端口地址。

R1 配置：

```
<Huawei>system-view
[Huawei]sysname R1
[R1]int g0/0/0
[R1-GigabitEthernet0/0/0]ip add 192.168.1.254 24
[R1-GigabitEthernet0/0/0]int g0/0/1
[R1-GigabitEthernet0/0/1]ip add 10.10.10.1 24
[R1-GigabitEthernet0/0/1]int g0/0/2
[R1-GigabitEthernet0/0/2]ip add 20.20.20.1 24
```

R2 配置：

```
<Huawei>system-view
[Huawei]sysname R2
[R2]int g0/0/0
[R2-GigabitEthernet0/0/0]ip add 172.16.1.254 24
[R2-GigabitEthernet0/0/0]int g0/0/1
[R2-GigabitEthernet0/0/1]ip add 10.10.10.10 24
[R2-GigabitEthernet0/0/1]int g0/0/2
[R2-GigabitEthernet0/0/2]ip add 20.20.20.10 24
```

R1 路由配置：

```
[R1]ip route-static 0.0.0.0 0.0.0.0 10.10.10.10
[R1]ip route-static 0.0.0.0 0.0.0.0 20.20.20.10 preference 100
```

在路由器 R1 上配置一条默认路由，该默认路由的下一跳地址为路由器 R2 的 g0/0/1

端口地址 10.10.10.10。同时配置另一条相同的默认路由，设置优先级为 100，低于第一条默认路由，该默认路由的下一跳地址为路由器 R2 的 g0/0/2 端口地址 20.20.20.10。

R2 路由配置：

```
[R2]ip route-static 0.0.0.0 0.0.0.0 10.10.10.1
[R2]ip route-static 0.0.0.0 0.0.0.0 20.20.20.1 preference 100
```

在路由器 R2 上配置一条默认路由，该默认路由的下一跳地址为路由器 R1 的 g0/0/1 端口地址 10.10.10.1。同时配置另一条相同的默认路由，设置优先级为 100，低于第一条默认路由，该默认路由的下一跳地址为路由器 R1 的 g0/0/2 端口地址 20.20.20.1。

实验验证

(1) 测试 PC1 到 PC2 的连通性，如图 3-29 所示。

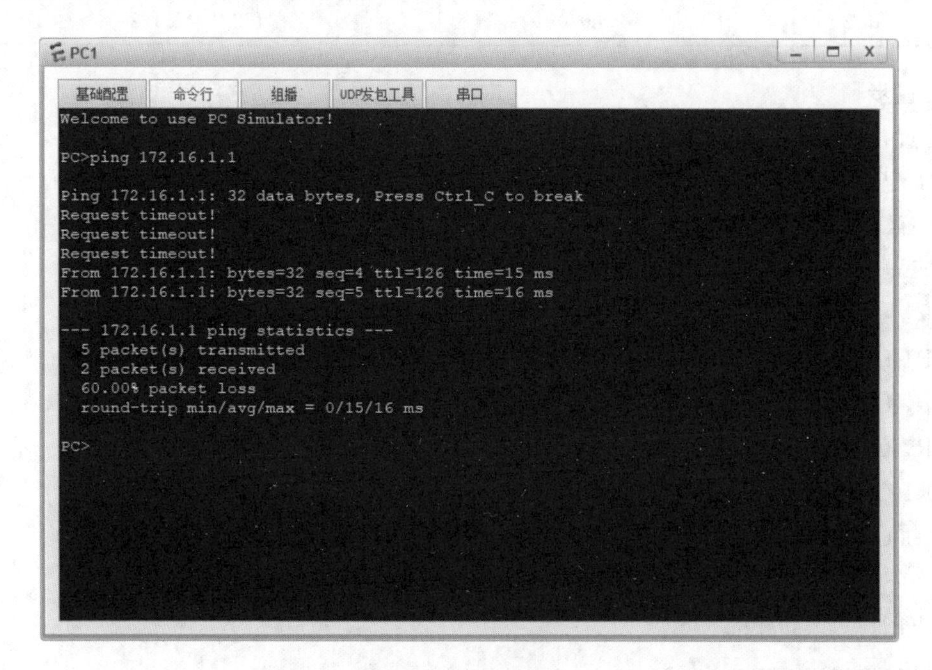

图 3-29　测试连通性 5

从图 3-29 可以看到，PC1 和 PC2 的连通性是没有问题的。

(2) 通过 tracert 命令查看数据包走向，如图 3-30 所示。

```
PC>tracert 172.16.1.1

traceroute to 172.16.1.1, 8 hops max
(ICMP), press Ctrl+C to stop
 1  192.168.1.254   32 ms  15 ms  <1 ms
 2  10.10.10.10   15 ms  16 ms  31 ms
 3  172.16.1.1   16 ms  16 ms  15 ms

PC>
```

图 3-30　路由跟踪 2

通过 tracert 命令，可以看到数据包走的是 10.10.10.10 这个链路。

(3) 通过 dis ip routing-table 命令查看路由表，如图 3-31 所示。

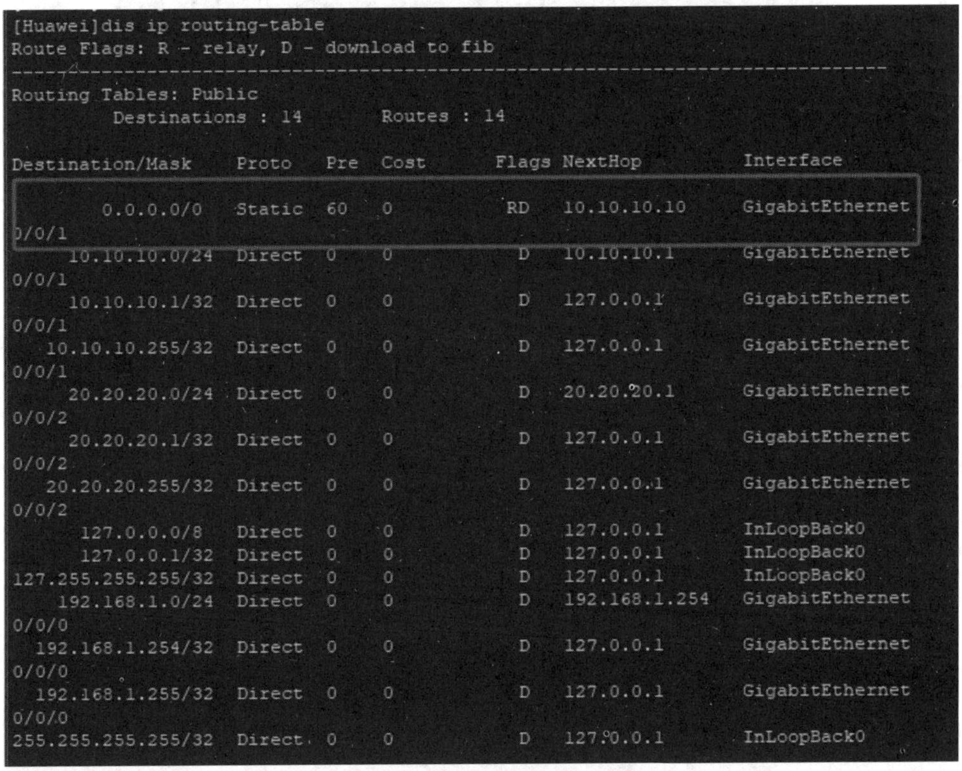

```
[Huawei]dis ip routing-table
Route Flags: R - relay, D - download to fib
------------------------------------------------------------------------------
Routing Tables: Public
         Destinations : 14       Routes : 14

Destination/Mask    Proto   Pre  Cost      Flags NextHop         Interface

        0.0.0.0/0   Static  60   0           RD  10.10.10.10     GigabitEthernet
0/0/1
     10.10.10.0/24  Direct  0    0           D   10.10.10.1      GigabitEthernet
0/0/1
     10.10.10.1/32  Direct  0    0           D   127.0.0.1       GigabitEthernet
0/0/1
   10.10.10.255/32  Direct  0    0           D   127.0.0.1       GigabitEthernet
0/0/1
     20.20.20.0/24  Direct  0    0           D   20.20.20.1      GigabitEthernet
0/0/2
     20.20.20.1/32  Direct  0    0           D   127.0.0.1       GigabitEthernet
0/0/2
   20.20.20.255/32  Direct  0    0           D   127.0.0.1       GigabitEthernet
0/0/2
      127.0.0.0/8   Direct  0    0           D   127.0.0.1       InLoopBack0
      127.0.0.1/32  Direct  0    0           D   127.0.0.1       InLoopBack0
127.255.255.255/32  Direct  0    0           D   127.0.0.1       InLoopBack0
    192.168.1.0/24  Direct  0    0           D   192.168.1.254   GigabitEthernet
0/0/0
  192.168.1.254/32  Direct  0    0           D   127.0.0.1       GigabitEthernet
0/0/0
  192.168.1.255/32  Direct  0    0           D   127.0.0.1       GigabitEthernet
0/0/0
255.255.255.255/32  Direct  0    0           D   127.0.0.1       InLoopBack0
```

图 3-31　查看路由表 9

从图 3-31 可以看到，R1 有一条优先级为 60 的默认路由，指向了 10.10.10.10 这个地址。

(4) 在 R1 上将 g0/0/1 端口关闭。

命令：

[R1]int g0/0/1

[R1-GigabitEthernet0/0/1]shutdown

(5) 测试 PC1 到 PC2 的连通性，如图 3-32 所示。

从图 3-32 可以看到，PC1 和 PC2 的连通性依然没问题。

(6) 通过 tracert 命令查看数据包走向，如图 3-33 所示。

通过 tracert 命令可以看到，数据包已经经过备用链路 20.20.20.10 传输数据。

(7) 通过 dis ip routing-table 命令查看路由表，如图 3-34 所示。

从图 3-34 可以看到，一条优先级为 100，下一跳地址为 20.20.20.10 的默认路由已经启用，说明基于浮动路由配置的备份链路已经生效。

```
PC>ping 172.16.1.1

Ping 172.16.1.1: 32 data bytes, Press Ctrl_C to break
From 172.16.1.1: bytes=32 seq=1 ttl=126 time=31 ms
From 172.16.1.1: bytes=32 seq=2 ttl=126 time=16 ms
From 172.16.1.1: bytes=32 seq=3 ttl=126 time=15 ms
From 172.16.1.1: bytes=32 seq=4 ttl=126 time=15 ms
From 172.16.1.1: bytes=32 seq=5 ttl=126 time=32 ms

--- 172.16.1.1 ping statistics ---
  5 packet(s) transmitted
  5 packet(s) received
  0.00% packet loss
  round-trip min/avg/max = 15/21/32 ms
```

图 3-32 测试连通性 6

```
PC>tracert 172.16.1.1

traceroute to 172.16.1.1, 8 hops max
(ICMP), press Ctrl+C to stop
 1  192.168.1.254   47 ms  <1 ms  16 ms
 2    *20.20.20.10   31 ms  16 ms
 3    *172.16.1.1   15 ms  16 ms
```

图 3-33 路由跟踪 3

```
[Huawei]dis ip routing-table
Route Flags: R - relay, D - download to fib
------------------------------------------------------------------------------
Routing Tables: Public
         Destinations : 11       Routes : 11

Destination/Mask    Proto   Pre  Cost      Flags NextHop         Interface

        0.0.0.0/0   Static  100  0          RD   20.20.20.10     GigabitEthernet
0/0/2
     20.20.20.0/24  Direct  0    0           D   20.20.20.1      GigabitEthernet
0/0/2
     20.20.20.1/32  Direct  0    0           D   127.0.0.1       GigabitEthernet
0/0/2
   20.20.20.255/32  Direct  0    0           D   127.0.0.1       GigabitEthernet
0/0/2
      127.0.0.0/8   Direct  0    0           D   127.0.0.1       InLoopBack0
      127.0.0.1/32  Direct  0    0           D   127.0.0.1       InLoopBack0
127.255.255.255/32  Direct  0    0           D   127.0.0.1       InLoopBack0
    192.168.1.0/24  Direct  0    0           D   192.168.1.254   GigabitEthernet
0/0/0
  192.168.1.254/32  Direct  0    0           D   127.0.0.1       GigabitEthernet
0/0/0
  192.168.1.255/32  Direct  0    0           D   127.0.0.1       GigabitEthernet
0/0/0
255.255.255.255/32  Direct  0    0           D   127.0.0.1       InLoopBack0
```

图 3-34 查看路由表 10

任务评价表

序号	任务考核点名称	任务考核指标	自我评价（0～10分）	教师评价（0～10分）
1	理解浮动路由的概念	能够理解浮动路由的原理		
2	理解路由的概念	能够理解路由是如何产生的，并且熟记路由的分类		
3	路由优先级	能够熟练记忆各种路由类型的默认优先级		
4	实验配置	能够熟练配置路由器端口 IP 地址和路由		
本次任务总结：				

3.5 任务三：动态路由技术——OSPF

本任务知识点

1. OSPF 路由协议详细概述

OSPF(open shortest path first，开放最短路径优先)是一个内部网关协议(interior gateway protocol，IGP)，用于在单一自治系统(autonomous system，AS)内决策路由。OSPF 是对链路状态路由协议的一种实现，隶属内部网关协议(IGP)，故运作于自治系统内部。著名的 Dijkstra 算法被用来计算最短路径树。OSPF 支持负载均衡和基于服务类型的选路，也支持多种路由形式，如特定主机路由和子网路由等。

作为一种链路状态的路由协议，OSPF 将链路状态组播数据 LSA(link state advertisement)传送给在某一区域内的所有路由器，这一点与距离矢量路由协议不同。运行距离矢量路由协议的路由器是将部分或全部的路由表传递给与其相邻的路由器。

(1) 按自治系统分类。

IGP(内部网关路由协议)：运行在 AS 内部的路由协议，主要解决 AS 内部的选路问题，发现、计算路由。主要协议代表：RIP1/RIP2、OSPF、ISIS、EIGRP(思科私有协议)。

EGP(外部网关路由协议)：运行在 AS 与 AS 之间的路由协议，解决的是 AS 之间选路问题。主要协议代表：BGP。

(2) 按协议类型分类。

距离矢量路由协议:在配置这类协议的网络里面,每个路由器仅知道到达目的地的距离和下一跳路由器。这种协议的代表有 RIP(routing information protocol)和 BGP(border gateway protocol)。距离矢量路由协议通过周期性地广播整个路由表来传播路由信息,这种方式简单但可能导致路由环路问题,并且在大型网络中收敛速度较慢。主要协议代表:RIP/RIP2。

链路状态路由协议:通过传播链路状态信息来构建网络的拓扑图,并使用最短路径算法(如 Dijkstra 算法)来计算路由。这种协议能够更快地适应网络变化,避免路由环路,但实现相对复杂,需要更多的内存资源。主要协议代表:OSPF、ISIS。

2. OSPF 工作过程及原理

(1) 建立邻居表。

(2) 形成链路状态数据库。

(3) 形成路由表。

建立邻接关系(学习链路状态信息)→形成链路状态数据库(Dijkstra 算法)→最短路径树→形成路由表,如图 3-35 所示。

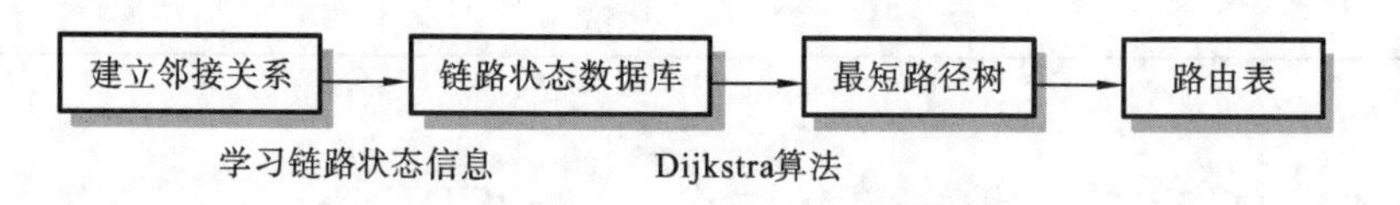

图 3-35　OSPF 形成路由表步骤

OSPF 就是两个相邻的路由器通过发报文的形式成为邻居关系,邻居再相互发送链路状态信息形成邻接关系,之后各自根据最短路径算法算出路由,放在 OSPF 路由表,OSPF 路由与其他路由比较后将较优的加入全局路由表。整个过程使用了五种报文(见表 3-2)、三个阶段、三张表。

表 3-2　OSPF 五种报文

报文	功能
Hello 报文	建立并维护邻居关系
DBD 报文	发送链路状态头部信息
LSR 报文	把从 DBD 报文中找出需要的链路状态头部信息传给邻居,请求完整信息
LSU 报文	将 LSR 请求的头部信息对应的完整信息发给邻居
LSACK	收到 LSU 报文后确认该报文

三个阶段

邻居发现:通过发送 Hello 报文形成邻居关系。

路由通告:邻居间发送链路状态信息形成邻接关系。

路由计算：根据最短路径算法算出路由表。

三张表

邻居表：主要记录形成邻居关系的路由器。

链路状态数据库：记录链路状态信息。

OSPF 路由表：通过链路状态数据库得出。

OSPF 链路状态协议如图 3-36 所示。

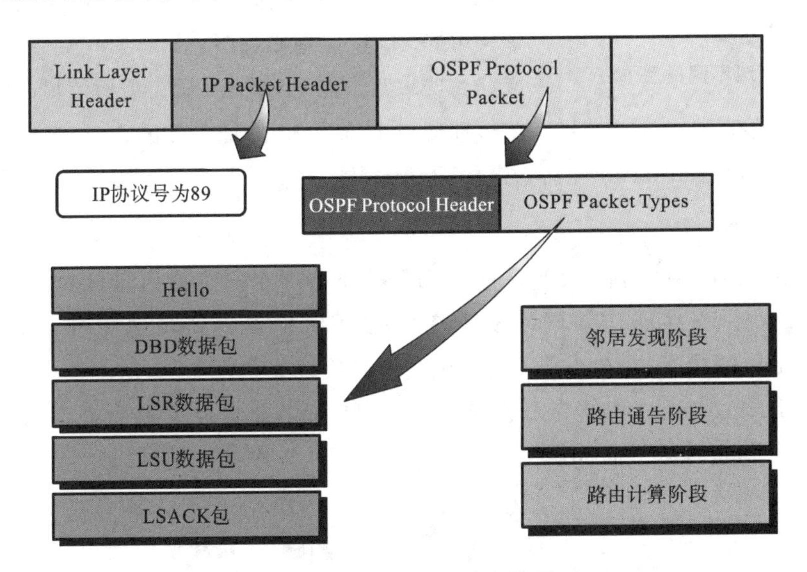

图 3-36　OSPF 链路状态协议

3. OSPF 区域类型

为了适应大型的网络，OSPF 在 AS 上划分多个区域（100～200 个路由器），每个 OSPF 路由器只维护所在区域的完整链路状态信息。

OSPF 中划分区域的目的就是在于控制链路状态信息 LSA 泛洪的范围、减小链路状态数据库 LSDB 的大小、改善网络的可扩展性，达到快速地收敛。

区域 ID 可以表示成一个十进制数字，也可以用 IP 表示。

（1）骨干区域 area 0：骨干区域负责区域间路由信息传播。作为中央实体，其他区域与之相连，骨干区域编号为 0，在该区域中，各种类型的 LSA 均允许发布。

（2）非骨干区域：连接骨干区域的其他所有区域统称为非骨干区域。

标准区域：除骨干区域外的默认的区域类型，在该类型区域中，各种类型的 LSA 均允许发布。

末梢区域：即 STUB 区域，该类型区域中不接收关于 AS 外部的路由信息，即不接收类型 5 的 AS 外部 LSA，需要路由到自治系统外部的网络时，路由器使用缺省路由（0.0.0.0），末梢区域中不能包含自治系统边界路由器 ASBR。

完全末梢区域：该类型区域中不接收关于 AS 外部的路由信息，同时也不接收来自 AS

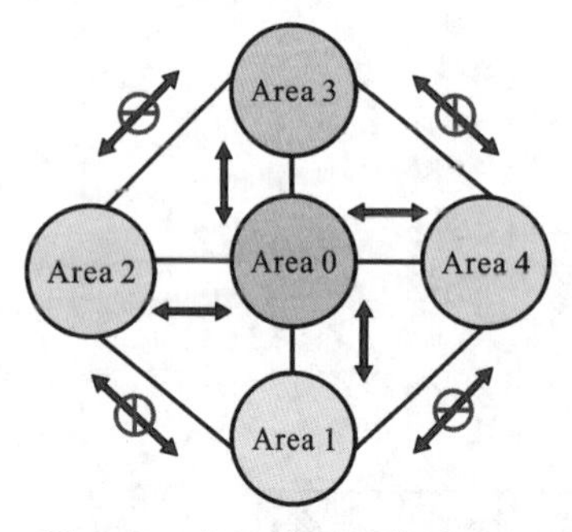

图 3-37 多区域不同类型 LSA

中其他区域的汇总路由，即不接收类型 3、类型 4、类型 5 的 LSA，完全末梢区域也不能包含自治系统边界路由器 ASBR。

多区域不同类型的 LSA 如图 3-37 所示。

4. Router ID

Router ID 是 OSPF 区域内唯一标识路由器的 IP 地址。

Router ID 选取规则如下：

(1) 选举路由器 Loopback 端口上数值最高的 IP 地址。

(2) 如果没有 Loopback 端口，在物理端口中选取 IP 地址最高的。

(3) 也可使用 router-id 任命指定的 Router ID。

5. DR 和 BDR

为减小多路访问网络中 OSPF 流量，OSPF 会选择一个指定路由器(DR)和一个备份指定路由器(BDR)。当多路访问网络发生变化时，DR 负责更新其他所有 OSPF 路由器。BDR 会监控 DR 的状态，并在当前 DR 发生故障时接替其角色。

BDR 和 DR/DRother 建立完全邻接关系(full)，而其他非指定路由器 DRother 之间建立部分连接关系，也称为双向邻居关系(two-way)。图 3-38 为广播网络示意图。

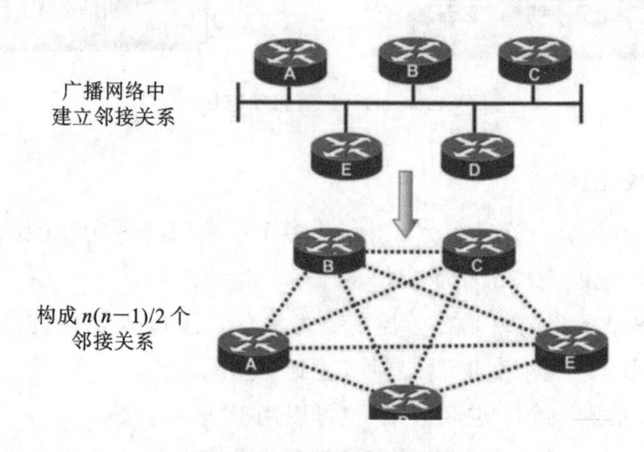

图 3-38 广播网络示意图

1) DR 和 BDR 的选举方法

(1) 自动选举。

网段上 Router ID 最大的路由器将被选举为 DR，第二大的为 BDR。

(2) 手工选举。

优先级的范围为 0～255，数值越大，优先级越高，默认为 1。

若优先级相同，则比较 Router ID。

如果路由器的优先级被设置为 0，它将不参与 DR 与 BDR 的选举。

2）DR 和 BDR 的选举过程

路由器优先级可以影响一个选举过程，但是不能强制更换已经形成的 DR 和 BDR。

OSPF 的组播地址：在点到点网络中，OSPF 的组播地址为 224.0.0.5；在广播型网络中，OSPF 的组播地址为 224.0.0.6。

DR 和 BDR 的选举过程如下：

（1）DRother 向 DR/ BDR 发送 DBD、LSR 或者 LSU 报文时，目标地址是 224.0.0.6（AllDRouter）；或者理解为 DR/BDR 侦听 224.0.0.6。

（2）DR/BDR 向 DRother 发送更新的 DBD、LSR 或者 LSU 报文时，目标地址是 224.0.0.5（AllSPFRouter）；或者理解为 DRother 侦听 224.0.0.5。

实验工单卡

实训名称		推荐工时	45 分钟
日期		地点	
指导老师		实训成绩	
学生姓名		班级	
实训目的：			
拓扑设计：			
设备配置关键命令：			
实训结果：			

背景描述

××公司随着业务的发展，除了在成都的总部以外，还在重庆、贵州分别设立了 1 个办事处。作为网络管理员，你需要负责这 3 个地方的组网。使用学过的 OSPF 协议，对这 3 个地方的边界路由器进行配置，使其连接成为公司内部环网。

创建图 3-39 所示的拓扑图，使用 3 台路由器 AR2220。

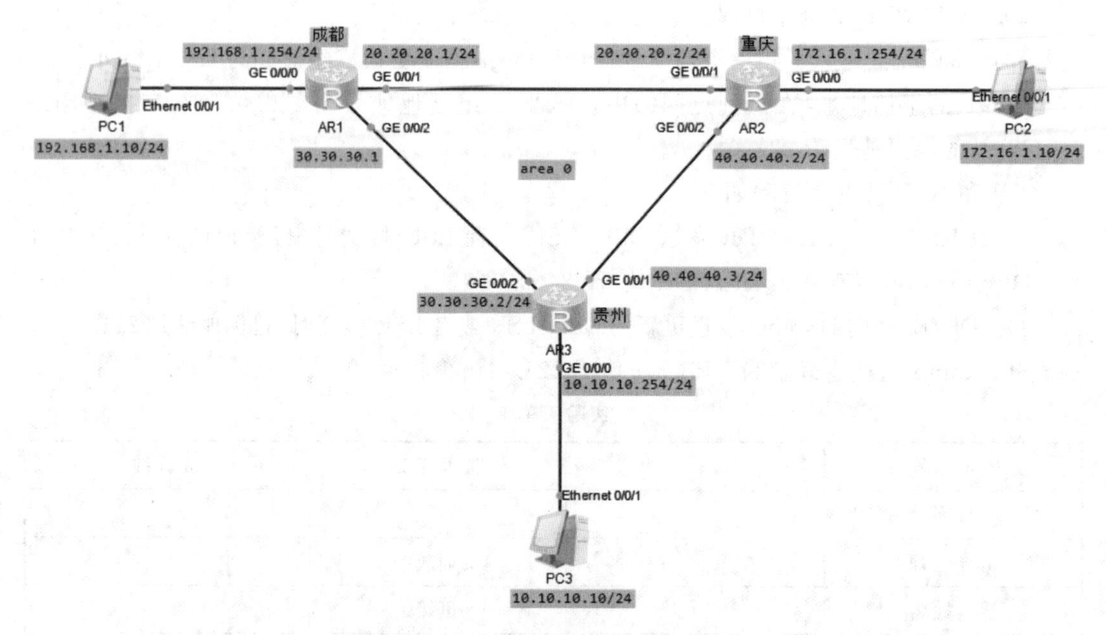

图 3-39　单区域 OSPF 实验拓扑图

IP 地址规划如下。

PC1:192.168.1.10/24;

PC2:172.16.1.10/24;

PC3:10.10.10.10/24。

R1:

g0/0/0:192.168.1.254/24;

g0/0/1:20.20.20.1/24;

g0/0/2:30.30.30.1/24。

R2:

g0/0/0:172.16.1.254/24;

g0/0/1:20.20.20.2/24;

g0/0/2:40.40.40.2/24。

R3:

g0/0/0:10.10.10.254/24;

g0/0/1:40.40.40.3/24;

g0/0/2:30.30.30.2/24。

配置步骤

(1) 配置各路由器及 PC 的端口地址。

R1 配置:

```
<Huawei>sys
[Huawei]interface g0/0/0
[Huawei-GigabitEthernet0/0/0]ip address 192.168.1.254 24
[Huawei-GigabitEthernet0/0/0]qu
[Huawei]interface g0/0/1
[Huawei-GigabitEthernet0/0/1]ip address 20.20.20.1 24
[Huawei-GigabitEthernet0/0/1]qu
[Huawei]interface g0/0/2
[Huawei-GigabitEthernet0/0/2]ip address 30.30.30.1 24
[Huawei-GigabitEthernet0/0/2]qu
```

R2 配置：

```
<Huawei>system-view
[Huawei]interface g0/0/0
[Huawei-GigabitEthernet0/0/0]ip address 172.16.1.254 24
[Huawei-GigabitEthernet0/0/0]qu
[Huawei]interface g0/0/1
[Huawei-GigabitEthernet0/0/1]ip address 20.20.20.2 24
[Huawei-GigabitEthernet0/0/1]qu
[Huawei]interface g0/0/2
[Huawei-GigabitEthernet0/0/2]ip address 40.40.40.2 24
[Huawei-GigabitEthernet0/0/2]qu
```

R3 配置：

```
<Huawei>system-view
[Huawei]interface g0/0/0
[Huawei-GigabitEthernet0/0/0]ip address 10.10.10.254 24
[Huawei-GigabitEthernet0/0/0]qu
[Huawei]interface g0/0/1
[Huawei-GigabitEthernet0/0/1]ip address 40.40.40.3 24
[Huawei-GigabitEthernet0/0/1]qu
[Huawei]interface g0/0/2
[Huawei-GigabitEthernet0/0/2]ip address 30.30.30.2 24
[Huawei-GigabitEthernet0/0/2]qu
```

(2) PC 的 IP 地址配置。

PC1、PC2、PC3 的 IP 地址配置分别如图 3-40、图 3-41、图 3-42 所示。

图 3-40 PC1 的 IP 地址配置 3

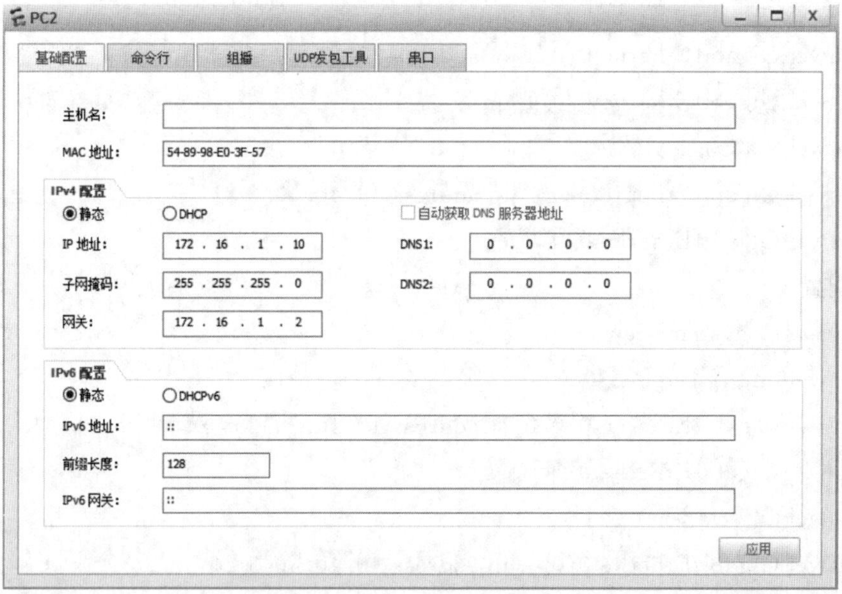

图 3-41 PC2 的 IP 地址配置 3

(3) OSPF 路由配置。

R1 配置：

首先创建并运行 OSPF，接着创建区域并进入 OSPF 区域视图，指定运行 OSPF 协议的端口和端口所属的区域，并宣告自己的直连网段。

图 3-42　PC3 的 IP 地址配置 3

```
[Huawei]ospf 1
[Huawei-ospf-1]area 0
[Huawei-ospf-1-area-0.0.0.0]network 192.168.1.0 0.0.0.255
[Huawei-ospf-1-area-0.0.0.0]network 20.20.20.0 0.0.0.255
[Huawei-ospf-1-area-0.0.0.0]network 30.30.30.0 0.0.0.255
```

R2 配置：

```
[Huawei]ospf 1
[Huawei-ospf-1]area 0
[Huawei-ospf-1-area-0.0.0.0]network 172.16.1.0 0.0.0.255
[Huawei-ospf-1-area-0.0.0.0]network 20.20.20.0 0.0.0.255
[Huawei-ospf-1-area-0.0.0.0]network 40.40.40.0 0.0.0.255
```

R3 配置：

```
[Huawei]ospf 1
[Huawei-ospf-1]area 0
[Huawei-ospf-1-area-0.0.0.0]network 10.10.10.0 0.0.0.255
[Huawei-ospf-1-area-0.0.0.0]network 40.40.40.0 0.0.0.255
[Huawei-ospf-1-area-0.0.0.0]network 30.30.30.0 0.0.0.255
```

实验验证

(1) 查看 OSPF 邻居状态。

命令:dis ospf peer

路由器 R1 上查看 OSPF 邻居关系如图 3-43 所示。

```
[Huawei]dis ospf peer

      OSPF Process 1 with Router ID 192.168.1.254
            Neighbors

 Area 0.0.0.0 interface 20.20.20.1(GigabitEthernet0/0/1)'s neighbors
 Router ID: 172.16.1.254      Address: 20.20.20.2
   State: Full  Mode:Nbr is  Slave  Priority: 1
   DR: 20.20.20.1  BDR: 20.20.20.2  MTU: 0
   Dead timer due in 40  sec
   Retrans timer interval: 5
   Neighbor is up for 00:02:27
   Authentication Sequence: [ 0 ]

            Neighbors

 Area 0.0.0.0 interface 30.30.30.1(GigabitEthernet0/0/2)'s neighbors
 Router ID: 10.10.10.254      Address: 30.30.30.2
   State: Full  Mode:Nbr is  Slave  Priority: 1
   DR: 30.30.30.1  BDR: 30.30.30.2  MTU: 0
   Dead timer due in 35  sec
   Retrans timer interval: 5
   Neighbor is up for 00:01:43
   Authentication Sequence: [ 0 ]
```

图 3-43 查看 OSPF 邻居关系 1

路由器 R2 上查看 OSPF 邻居关系如图 3-44 所示。

```
[Huawei]dis ospf peer

      OSPF Process 1 with Router ID 172.16.1.254
            Neighbors

 Area 0.0.0.0 interface 20.20.20.2(GigabitEthernet0/0/1)'s neighbors
 Router ID: 192.168.1.254     Address: 20.20.20.1
   State: Full  Mode:Nbr is  Master  Priority: 1
   DR: 20.20.20.1  BDR: 20.20.20.2  MTU: 0
   Dead timer due in 38  sec
   Retrans timer interval: 5
   Neighbor is up for 00:02:48
   Authentication Sequence: [ 0 ]

            Neighbors

 Area 0.0.0.0 interface 40.40.40.2(GigabitEthernet0/0/2)'s neighbors
 Router ID: 10.10.10.254      Address: 40.40.40.3
   State: Full  Mode:Nbr is  Slave  Priority: 1
   DR: 40.40.40.2  BDR: 40.40.40.3  MTU: 0
   Dead timer due in 35  sec
   Retrans timer interval: 5
   Neighbor is up for 00:02:01
   Authentication Sequence: [ 0 ]
```

图 3-44 查看 OSPF 邻居关系 2

路由器 R3 上查看 OSPF 邻居关系如图 3-45 所示。

```
[Huawei]dis ospf peer

      OSPF Process 1 with Router ID 10.10.10.254
            Neighbors

 Area 0.0.0.0 interface 40.40.40.3(GigabitEthernet0/0/1)'s neighbors
 Router ID: 172.16.1.254     Address: 40.40.40.2
   State: Full  Mode:Nbr is  Master  Priority: 1
   DR: 40.40.40.2  BDR: 40.40.40.3  MTU: 0
   Dead timer due in 31  sec
   Retrans timer interval: 0
   Neighbor is up for 00:00:52
   Authentication Sequence: [ 0 ]

            Neighbors

 Area 0.0.0.0 interface 30.30.30.2(GigabitEthernet0/0/2)'s neighbors
 Router ID: 192.168.1.254    Address: 30.30.30.1
   State: Full  Mode:Nbr is  Master  Priority: 1
   DR: 30.30.30.1  BDR: 30.30.30.2  MTU: 0
   Dead timer due in 35  sec
   Retrans timer interval: 5
   Neighbor is up for 00:00:55
   Authentication Sequence: [ 0 ]
```

图 3-45　查看 OSPF 邻居关系 3

查看 OSPF 路由表。

命令：display ip routing-table protocol ospf

路由器 R1 上查看 OSPF 路由如图 3-46 所示。

```
[Huawei]display  ip routing-table  protocol ospf
Route Flags: R - relay, D - download to fib
------------------------------------------------------------------------------
Public routing table : OSPF
         Destinations : 3        Routes : 4

OSPF routing table status : <Active>
         Destinations : 3        Routes : 4

Destination/Mask    Proto   Pre  Cost      Flags NextHop         Interface

     10.10.10.0/24  OSPF    10   2           D   30.30.30.2      GigabitEthernet
0/0/2
     40.40.40.0/24  OSPF    10   2           D   20.20.20.2      GigabitEthernet
0/0/1
                    OSPF    10   2           D   30.30.30.2      GigabitEthernet
0/0/2
     172.16.1.0/24  OSPF    10   2           D   20.20.20.2      GigabitEthernet
0/0/1

OSPF routing table status : <Inactive>
         Destinations : 0        Routes : 0
```

图 3-46　查看 OSPF 路由 1

路由器 R2 上查看 OSPF 路由如图 3-47 所示。

```
[Huawei]dis ip routing-table protocol ospf
Route Flags: R - relay, D - download to fib
------------------------------------------------------------------------------
Public routing table : OSPF
         Destinations : 3        Routes : 4

OSPF routing table status : <Active>
         Destinations : 3        Routes : 4

Destination/Mask    Proto   Pre  Cost      Flags NextHop         Interface

     10.10.10.0/24  OSPF    10   2           D   40.40.40.3      GigabitEthernet
0/0/2
     30.30.30.0/24  OSPF    10   2           D   20.20.20.1      GigabitEthernet
0/0/1
                    OSPF    10   2           D   40.40.40.3      GigabitEthernet
0/0/2
    192.168.1.0/24  OSPF    10   2           D   20.20.20.1      GigabitEthernet
0/0/1

OSPF routing table status : <Inactive>
         Destinations : 0        Routes : 0
```

图 3-47　查看 OSPF 路由 2

路由器 R3 上查看 OSPF 路由如图 3-48 所示。

```
[Huawei]display  ip routing-table protocol  ospf
Route Flags: R - relay, D - download to fib
------------------------------------------------------------------------------
Public routing table : OSPF
         Destinations : 3        Routes : 4

OSPF routing table status : <Active>
         Destinations : 3        Routes : 4

Destination/Mask    Proto   Pre  Cost      Flags NextHop         Interface

     20.20.20.0/24  OSPF    10   2           D   30.30.30.1      GigabitEthernet
0/0/2
                    OSPF    10   2           D   40.40.40.2      GigabitEthernet
0/0/1
     172.16.1.0/24  OSPF    10   2           D   40.40.40.2      GigabitEthernet
0/0/1
    192.168.1.0/24  OSPF    10   2           D   30.30.30.1      GigabitEthernet
0/0/2

OSPF routing table status : <Inactive>
         Destinations : 0        Routes : 0
```

图 3-48　查看 OSPF 路由 3

可以看到,3 台路由器上均生成了 3 条通往对端的路由,协议名称为 OSPF,协议优先级为 10。

测试各个 PC 之间的连通性。

PC1 到 PC2 和 PC3 的连通性如图 3-49 所示。

从图 3-49 可以看到,PC1 到 PC2 和 PC3 的链路已经连通,说明 OSPF 配置成功。

```
PC>ping 172.16.1.10

Ping 172.16.1.10: 32 data bytes, Press Ctrl_C to break
Request timeout!
From 172.16.1.10: bytes=32 seq=2 ttl=126 time=16 ms
From 172.16.1.10: bytes=32 seq=3 ttl=126 time=15 ms
From 172.16.1.10: bytes=32 seq=4 ttl=126 time=16 ms
From 172.16.1.10: bytes=32 seq=5 ttl=126 time=16 ms

--- 172.16.1.10 ping statistics ---
  5 packet(s) transmitted
  4 packet(s) received
  20.00% packet loss
  round-trip min/avg/max = 0/15/16 ms

PC>ping 10.10.10.10

Ping 10.10.10.10: 32 data bytes, Press Ctrl_C to break
Request timeout!
From 10.10.10.10: bytes=32 seq=2 ttl=126 time=31 ms
From 10.10.10.10: bytes=32 seq=3 ttl=126 time=15 ms
From 10.10.10.10: bytes=32 seq=4 ttl=126 time=16 ms
From 10.10.10.10: bytes=32 seq=5 ttl=126 time=15 ms

--- 10.10.10.10 ping statistics ---
  5 packet(s) transmitted
  4 packet(s) received
  20.00% packet loss
  round-trip min/avg/max = 0/19/31 ms
```

图 3-49　测试连通性 7

任务评价表

序号	任务考核点名称	任务考核指标	自我评价（0～10 分）	教师评价（0～10 分）
1	理解 OSPF 的概念	能够理解 OSPF 的基本概念，记忆 OSPF 的协商方式和工作原理		
2	理解 DR 和 BDR 的选举	能够理解 DR 和 BDR 的选举规则		
3	理解 OSPF 自治区域	能够理解 OSPF 自治区域的含义		
4	实验配置	能够熟练配置 OSPF 协议		
本次任务总结：				

3.6　任务四：VLAN 间路由技术

3.6.1　子任务一：基于单臂路由配置不同 VLAN 之间互通

背景描述

公司的财务部和技术部有多台计算机，它们使用 1 台二层交换机进行互联,为方便管理和隔离广播,划分了 VLAN 10 和 VLAN 20。现因业务需要,两部门之间需实现相互通信,拓扑如图 3-50 所示,具体要求如下:公司将使用 1 台路由器连接交换机,并通过 R1 的单臂路由功能实现两个部门间的相互通信。

创建图 3-50 所示的拓扑图,使用 1 台路由器 AR2220 和 1 台交换机 S5700。

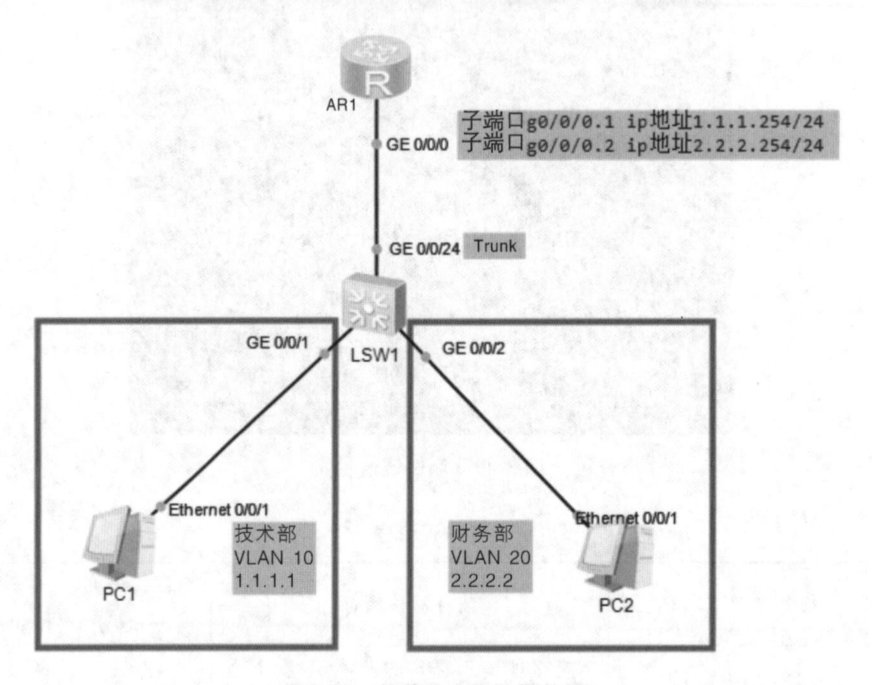

图 3-50　单臂路由实验拓扑图

配置步骤

(1) 配置交换机的端口。

SW1 配置:

```
<Huawei>sys
[Huawei]vlan batch 10 20
[Huawei]int g0/0/1
[Huawei-GigabitEthernet0/0/1]port link-type access
[Huawei-GigabitEthernet0/0/1]port default vlan 10
[Huawei-GigabitEthernet0/0/1]qu
[Huawei-GigabitEthernet0/0/1]int g0/0/2
[Huawei-GigabitEthernet0/0/2]port link-type access
[Huawei-GigabitEthernet0/0/2]port default vlan 20
[Huawei-GigabitEthernet0/0/2]int g0/0/3
[Huawei-GigabitEthernet0/0/3]port link-type trunk
```

[Huawei-GigabitEthernet0/0/3]port trunk allow-pass vlan 10 20

(2) 在路由器上配置单臂路由。

AR1 配置：

```
<Huawei>system-view
[Huawei]interface g0/0/0.1 //创建并进入子端口 g0/0/0.1
[Huawei-GigabitEthernet0/0/0.1]dot1q termination vid 10 //封装 VLAN 10 的数据帧
[Huawei-GigabitEthernet0/0/0.1]ip add 1.1.1.254 24 //配置虚拟端口 IP 地址用以承载 PC 的网关
[Huawei-GigabitEthernet0/0/0.1]arp broadcast enable //开启广播
[Huawei-GigabitEthernet0/0/0.1]int g0/0/0.2 //创建并进入子端口 g0/0/0.2
[Huawei-GigabitEthernet0/0/0.2]dot1q termination vid 20 //封装 VLAN 20 的数据帧
[Huawei-GigabitEthernet0/0/0.2]ip add 2.2.2.254 24 //配置虚拟端口 IP 地址用以承载 PC 的网关
[Huawei-GigabitEthernet0/0/0.2]arp broadcast enable //开启广播
```

(3) PC 的 IP 地址配置。

PC1、PC2 的 IP 地址配置分别如图 3-51、图 3-52 所示。

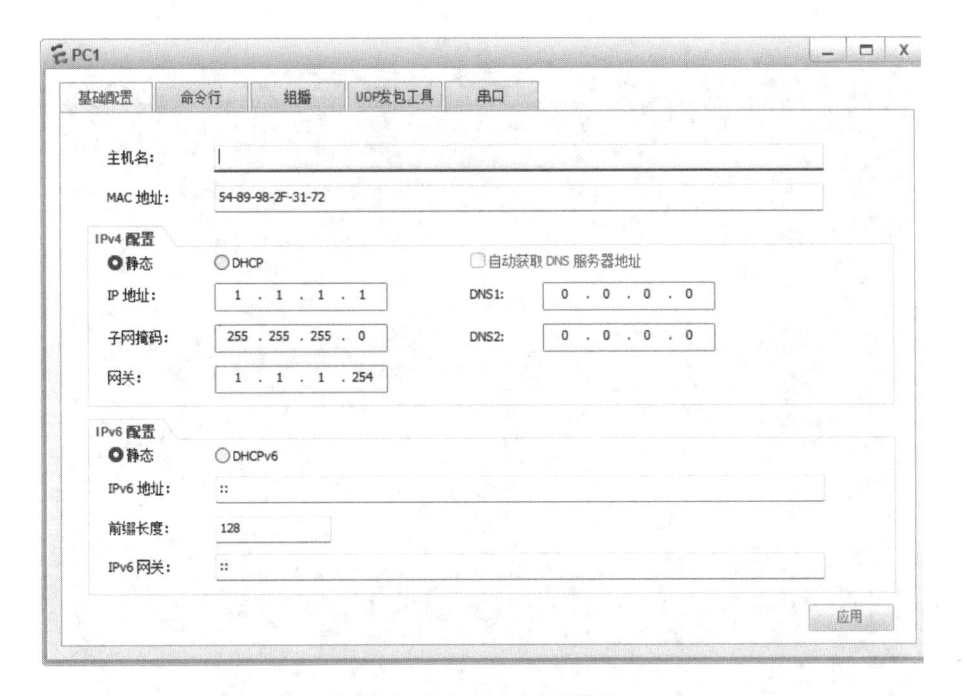

图 3-51 PC1 的 IP 地址配置 4

图 3-52　PC2 的 IP 地址配置 4

实验验证

(1) 查看交换机的 VLAN 划分配置。

命令:dis vlan

查看 VLAN 配置如图 3-53 所示。

```
U: Up;          D: Down;          TG: Tagged;          UT: Untagged;
MP: Vlan-mapping;                 ST: Vlan-stacking;
#: ProtocolTransparent-vlan;      *: Management-vlan;
--------------------------------------------------------------------------------

VID  Type     Ports
--------------------------------------------------------------------------------
1    common   UT:GE0/0/3(D)      GE0/0/4(D)      GE0/0/5(D)      GE0/0/6(D)
                 GE0/0/7(D)      GE0/0/8(D)      GE0/0/9(D)      GE0/0/10(D)
                 GE0/0/11(D)     GE0/0/12(D)     GE0/0/13(D)     GE0/0/14(D)
                 GE0/0/15(D)     GE0/0/16(D)     GE0/0/17(D)     GE0/0/18(D)
                 GE0/0/19(D)     GE0/0/20(D)     GE0/0/21(D)     GE0/0/22(D)
                 GE0/0/23(D)     GE0/0/24(U)

10   common   UT:GE0/0/1(U)

              TG:GE0/0/24(U)

20   common   UT:GE0/0/2(U)

              TG:GE0/0/24(U)

VID  Status  Property      MAC-LRN Statistics Description
--------------------------------------------------------------------------------

1    enable  default       enable  disable    VLAN 0001
10   enable  default       enable  disable    VLAN 0010
20   enable  default       enable  disable    VLAN 0020
[Huawei]
```

图 3-53　查看 VLAN 配置 1

查看路由器的子端口配置。

命令：dis ip int b

查看子端口 IP 地址配置如图 3-54 所示。

```
[Huawei]dis ip int b
*down: administratively down
^down: standby
(l): loopback
(s): spoofing
The number of interface that is UP in Physical is 4
The number of interface that is DOWN in Physical is 2
The number of interface that is UP in Protocol is 3
The number of interface that is DOWN in Protocol is 3

Interface                         IP Address/Mask      Physical   Protocol
GigabitEthernet0/0/0              unassigned           up         down
GigabitEthernet0/0/0.1            1.1.1.254/24         up         up
GigabitEthernet0/0/0.2            2.2.2.254/24         up         up
GigabitEthernet0/0/1              unassigned           down       down
GigabitEthernet0/0/2              unassigned           down       down
NULL0                             unassigned           up         up(s)
[Huawei]
```

图 3-54　查看子接口 IP 地址配置

查看 2 台 PC 能否通信，如图 3-55 所示。

```
Welcome to use PC Simulator!

PC>ping 2.2.2.2

Ping 2.2.2.2: 32 data bytes, Press Ctrl_C to break
Request timeout!
Request timeout!
From 2.2.2.2: bytes=32 seq=3 ttl=127 time=78 ms
From 2.2.2.2: bytes=32 seq=4 ttl=127 time=93 ms
From 2.2.2.2: bytes=32 seq=5 ttl=127 time=79 ms

--- 2.2.2.2 ping statistics ---
  5 packet(s) transmitted
  3 packet(s) received
  40.00% packet loss
  round-trip min/avg/max = 0/83/93 ms

PC>
```

图 3-55　测试连通性 8

从图 3-55 可以看到，PC1 能够和 PC2 进行跨 VLAN、跨网段的通信。

工程师提示

工程师提示：在配置单臂路由的时候，一定要注意子端口的端口号与物理端口对应，例如，物理端口为g0/0/0，那么子端口一定是g0/0/0.1，否则会导致无法通信。单臂路由的设计和实现，本身就是一种创新思维的体现。它打破了传统网络架构的束缚，通过逻辑划分的方式实现了物理接口的复用和网络的灵活扩展。这启示我们，在学习和工作中，要敢于突破常规，勇于尝试新的思路和方法，不断挑战自我，追求卓越。只有具备创新思维的人，才能在激烈的竞争中脱颖而出，成为时代的弄潮儿。

任务评价表

序号	任务考核点名称	任务考核指标	自我评价（0～10分）	教师评价（0～10分）
1	理解单臂路由的概念	能够理解单臂路由的基本概念		
2	理解子端口的配置方式	能够理解子端口的启用规则		
3	划分交换机 VLAN	能够熟练划分交换机 VLAN 端口		
4	实验配置	能够熟练配置单臂路由实验并成功验证		
本次任务总结：				

3.6.2 子任务二：基于三层交换的 VLAN 间路由配置

背景描述

创建图 3-56 所示的拓扑图，使用交换机 S5700。

公司现有财务部和技术部，使用 1 台 24 口三层交换机进行互联。为方便管理，要求为部门创建相应的 VLAN，并实现 VLAN 间通信。具体要求如下：

(1) 交换机 SW1 为财务部创建了 VLAN 10，为技术部创建了 VLAN 20；

(2) 财务部的 1 台计算机连接在 g0/0/1 端口，技术部的 1 台计算机连接在 g0/0/2 端口；

(3) 启用交换机的三层路由功能，实现部门间的相互通信。

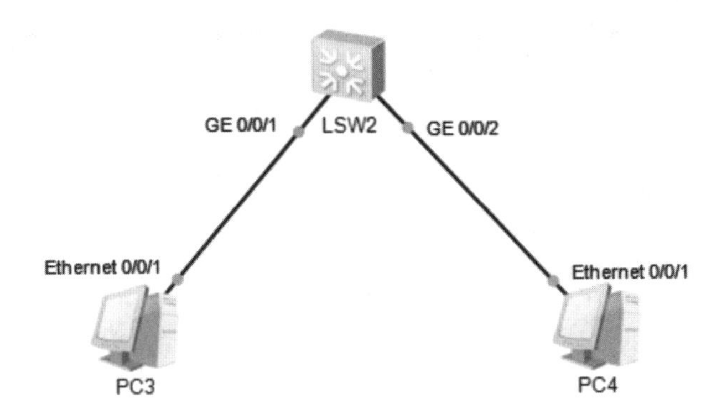

图 3-56　三层交换机实验拓扑图

配置步骤

(1) 配置交换机的接口。

SW2 配置：

```
<Huawei>system-view
[Huawei]vlan batch 10 20
[Huawei]int g0/0/1
[Huawei-GigabitEthernet0/0/1]port link-type access
[Huawei-GigabitEthernet0/0/1]port default vlan 10
[Huawei-GigabitEthernet0/0/1]int g0/0/2
[Huawei-GigabitEthernet0/0/2]port link-type access
[Huawei-GigabitEthernet0/0/2]port default vlan 20
[Huawei-GigabitEthernet0/0/2]qu
[Huawei]interface Vlanif 10  //创建 VLAN interface 10 端口
[Huawei-Vlanif10]ip add 1.1.1.254 24  //配置 IP 地址以承载 PC 的网关
[Huawei-Vlanif10]int vlanif 20  //创建 VLAN interface 20 端口
[Huawei-Vlanif20]ip add 2.2.2.254 24  //配置 IP 地址以承载 PC 的网关
[Huawei-Vlanif20]qu
```

(2) PC 的 IP 地址配置。

PC3、PC4 的 IP 地址配置分别如图 3-57、图 3-58 所示。

实验验证

(1) 查看交换机的 VLAN 划分配置。

命令：dis vlan

查看 VLAN 配置如图 3-59 所示。

(2) 查看交换机的子端口 IP 配置。

命令：dis ip int b

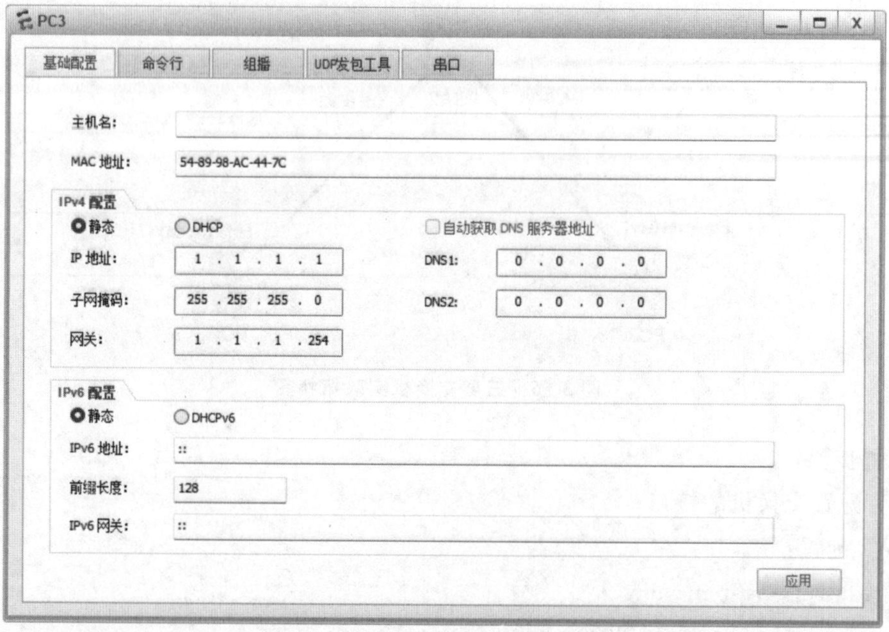

PC3
基础配置 命令行 组播 UDP发包工具 串口
主机名:
MAC 地址: 54-89-98-AC-44-7C
IPv4 配置
静态 DHCP 自动获取 DNS 服务器地址
IP 地址: 1 . 1 . 1 . 1 DNS1: 0 . 0 . 0 . 0
子网掩码: 255 . 255 . 255 . 0 DNS2: 0 . 0 . 0 . 0
网关: 1 . 1 . 1 . 254
IPv6 配置
静态 DHCPv6
IPv6 地址: ::
前缀长度: 128
IPv6 网关: ::
应用

图 3-57　PC3 的 IP 地址配置 4

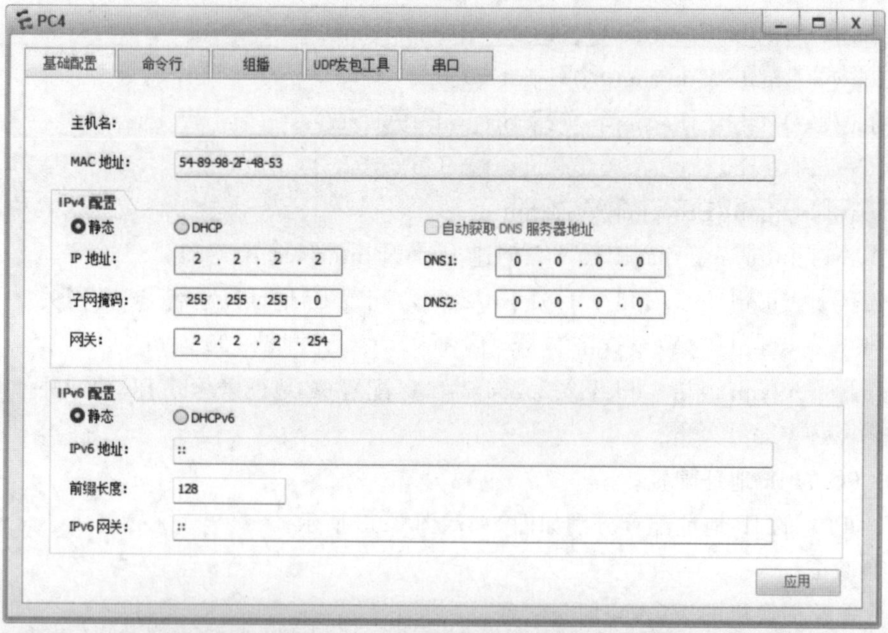

PC4
基础配置 命令行 组播 UDP发包工具 串口
主机名:
MAC 地址: 54-89-98-2F-48-53
IPv4 配置
静态 DHCP 自动获取 DNS 服务器地址
IP 地址: 2 . 2 . 2 . 2 DNS1: 0 . 0 . 0 . 0
子网掩码: 255 . 255 . 255 . 0 DNS2: 0 . 0 . 0 . 0
网关: 2 . 2 . 2 . 254
IPv6 配置
静态 DHCPv6
IPv6 地址: ::
前缀长度: 128
IPv6 网关: ::
应用

图 3-58　PC4 的 IP 地址配置 2

查看子端口 IP 地址配置如图 3-60 所示。

(3) 查看 2 台 PC 能否通信,如图 3-61 所示。

```
[Huawei]dis vlan
The total number of vlans is : 3
--------------------------------------------------------------------------------
U: Up;         D: Down;          TG: Tagged;         UT: Untagged;
MP: Vlan-mapping;                ST: Vlan-stacking;
#: ProtocolTransparent-vlan;     *: Management-vlan;
--------------------------------------------------------------------------------

VID  Type     Ports
--------------------------------------------------------------------------------
1    common   UT:GE0/0/3(D)      GE0/0/4(D)       GE0/0/5(D)       GE0/0/6(D)
                 GE0/0/7(D)      GE0/0/8(D)       GE0/0/9(D)       GE0/0/10(D)
                 GE0/0/11(D)     GE0/0/12(D)      GE0/0/13(D)      GE0/0/14(D)
                 GE0/0/15(D)     GE0/0/16(D)      GE0/0/17(D)      GE0/0/18(D)
                 GE0/0/19(D)     GE0/0/20(D)      GE0/0/21(D)      GE0/0/22(D)
                 GE0/0/23(D)     GE0/0/24(D)

10   common   UT:GE0/0/1(U)

20   common   UT:GE0/0/2(U)
```

图 3-59　查看 VLAN 配置 2

```
[Huawei]dis ip int b
*down: administratively down
^down: standby
(l): loopback
(s): spoofing
The number of interface that is UP in Physical is 3
The number of interface that is DOWN in Physical is 2
The number of interface that is UP in Protocol is 3
The number of interface that is DOWN in Protocol is 2

Interface                         IP Address/Mask      Physical   Protocol
MEth0/0/1                         unassigned           down       down
NULL0                             unassigned           up         up(s)
Vlanif1                           unassigned           down       down
Vlanif10                          1.1.1.254/24         up         up
Vlanif20                          2.2.2.254/24         up         up
[Huawei]
```

图 3-60　查看子端口 IP 地址配置

```
PC>ping 2.2.2.2

Ping 2.2.2.2: 32 data bytes, Press Ctrl_C to break
From 2.2.2.2: bytes=32 seq=1 ttl=127 time=94 ms
From 2.2.2.2: bytes=32 seq=2 ttl=127 time=62 ms
From 2.2.2.2: bytes=32 seq=3 ttl=127 time=47 ms
From 2.2.2.2: bytes=32 seq=4 ttl=127 time=31 ms
From 2.2.2.2: bytes=32 seq=5 ttl=127 time=47 ms

--- 2.2.2.2 ping statistics ---
```

图 3-61　测试连通性 9

从图 3-61 可以看到，通过使用具有三层路由功能的交换机，配置 VLAN interface 端口 IP 地址，可以实现不同 VLAN、不同网段的主机通信。

工程师提示

不同网段和不同 VLAN 之间的通信，一定需要使用到三层路由功能。若交换机只有二层交换的功能，是不能配置该功能的。如果在实际网络环境中使用到了这种配置，那么交换机可以看作一台路由器来使用，除了端口 IP 地址配置以外，还能够进行一些简单的静态路由配置。好好利用交换机的这些功能，可以组建更加大型的网络。三层交换技术的出现，是网络技术不断追求高效与智能的体现。它融合了交换机的快速转发能力和路由器的路由决策能力，实现了网络流量的智能调度和优化。这启示我们，在学习和工作中，要始终保持对高效与智能的追求，不断提升自己的专业素养和技能水平，以更好地适应社会发展的需求。同时，我们也要善于运用新技术、新方法，提高工作效率和质量，为社会的快速发展贡献自己的力量。

任务评价表

序号	任务考核点名称	任务考核指标	自我评价 （0～10 分）	教师评价 （0～10 分）
1	理解 VLAN 间路由的概念	能够理解 VLAN 间路由的基本概念，分清三层交换机和路由器的区别		
2	划分交换机 VLAN	能够熟练划分交换机 VLAN 接口		
3	实验配置	能够熟练配置 VLAN 间路由实验并成功验证		
本次任务总结：				

3.7 任务五：基于静态路由的校园综合组网实训项目

实验工单卡

实训名称		推荐工时	90 分钟
日期		地点	
指导老师		实训成绩	
学生姓名		班级	
实训目的：			
拓扑设计：			
设备配置关键命令：			
实训结果：			

背景描述

本次实验模拟某校东区和西区之间的组网环境，使用静态路由基本知识进行路由组网配置。要求实现东西区网络的互相访问，以及访问外网和服务器的需求。

(1) 配置静态路由，实现所有 PC 的访问需求。

(2) 交换机配置 VLAN 间路由，保障通信畅通。

(3) 路由器 AR1 和 AR2 之间配置浮动路由。

创建图 3-62 所示的拓扑图。

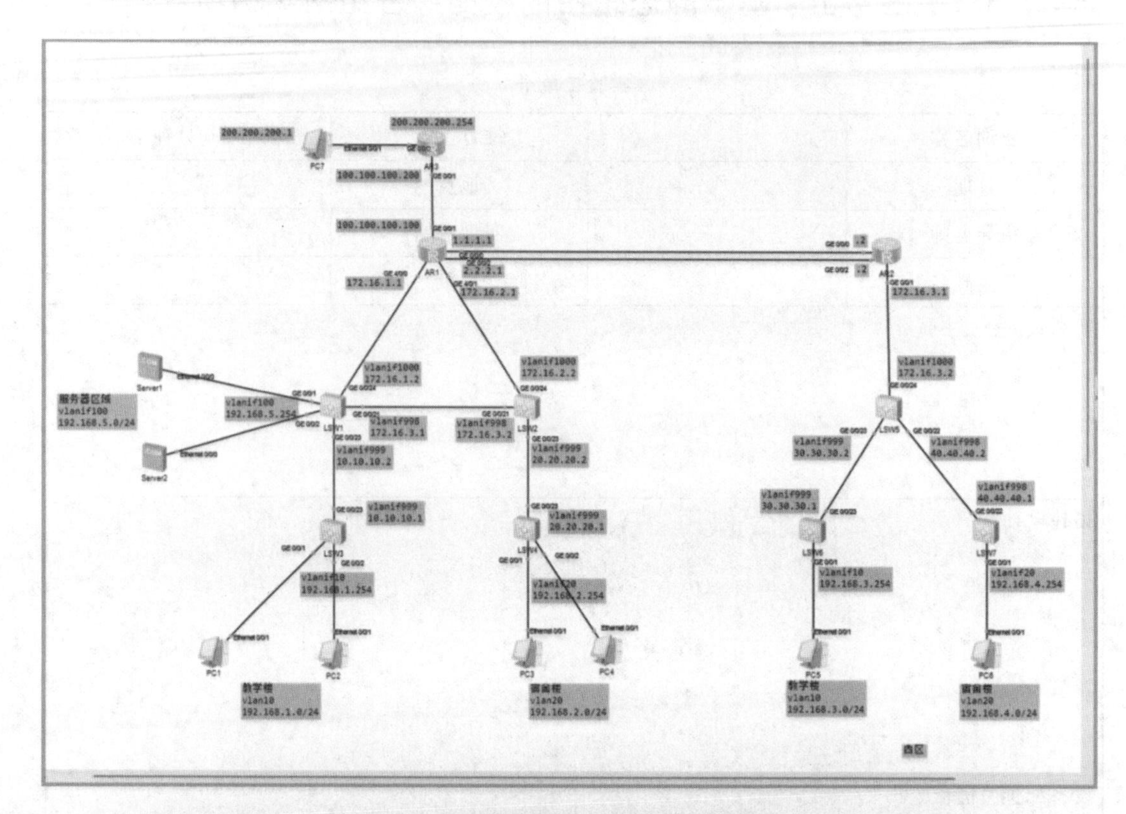

图 3-62　静态路由综合组网训练拓扑图

配置步骤

(1) 配置各网络设备的接口 IP 地址。

R1:

```
<Huawei>sys                                          //进入系统视图
[Huawei]sysname R1                                   //修改名称为 R1
[R1]int g0/0/0                                       //进入端口 g0/0/0
[R1-GigabitEthernet0/0/0]ip add 1.1.1.1 24           //设置 IP 地址
[R1-GigabitEthernet0/0/0]int g0/0/2                  //进入端口 g0/0/2
[R1-GigabitEthernet0/0/2]ip add 2.2.2.1 24           //设置 IP 地址
[R1-GigabitEthernet0/0/2]int g0/0/1                  //进入端口 g0/0/1
[R1-GigabitEthernet0/0/1]ip add 100.100.100.100 24   //设置 IP 地址
[R1-GigabitEthernet0/0/1]int g4/0/0                  //进入端口 g4/0/0
```

```
[R1-GigabitEthernet4/0/0]ip add 172.16.1.1 24             //设置 IP 地址
[R1-GigabitEthernet4/0/0]int g4/0/1                       //进入端口 g4/0/1
[R1-GigabitEthernet4/0/1]ip add 172.16.2.1 24             //设置 IP 地址
```

R2：

```
<Huawei>sys                                               //进入系统视图
[Huawei]sysname R2                                        //修改名称
[R2]int g0/0/0                                            //进入端口 g0/0/0
[R2-GigabitEthernet0/0/0]ip add 1.1.1.2 24                //设置 IP 地址
[R2-GigabitEthernet0/0/0]int g0/0/2                       //进入端口 g0/0/2
[R2-GigabitEthernet0/0/2]ip add 2.2.2.2 24                //设置 IP 地址
[R2-GigabitEthernet0/0/2]int g0/0/1                       //进入端口 g0/0/1
[R2-GigabitEthernet0/0/1]ip add 172.16.3.1 24             //设置 IP 地址
```

R3：

```
<Huawei>sys                                               //进入系统视图
[Huawei]sysname R3                                        //修改名称
[R3]int g0/0/0                                            //进入端口 g0/0/0
[R3-GigabitEthernet0/0/0]ip add 200.200.200.254 24        //设置 IP 地址
[R3-GigabitEthernet0/0/0]int g0/0/1                       //进入端口 g0/0/1
[R3-GigabitEthernet0/0/1]ip add 100.100.100.200 24        //设置 IP 地址
```

SW1：

```
<Huawei>sys                                               //进入系统视图
[Huawei]sysname SW1                                       //修改名称
[SW1]vlan batch 100 998 999 1000                          //批量创建 VLAN
[SW1]int vlan 100                                         //进入 VLAN 端口
[SW1-Vlanif100]ip add 192.168.5.254 24                    //设置 IP 地址
[SW1-Vlanif100]int vlan 998                               //进入 VLAN 端口
[SW1-Vlanif998]ip add 172.16.3.1 24                       //设置 IP 地址
[SW1-Vlanif998]int vlan 999                               //进入 VLAN 端口
[SW1-Vlanif999]ip add 10.10.10.2 24                       //设置 IP 地址
[SW1-Vlanif999]int vlan 1000                              //进入 VLAN 端口
[SW1-Vlanif1000]ip add 172.16.1.2 24                      //设置 IP 地址
```

SW2：

```
<Huawei>sys                                  //进入系统视图
[Huawei]vlan batch 998 999 1000              //批量创建 VLAN
[Huawei]int vlan 998                         //进入 VLAN 端口
[Huawei-Vlanif998]ip add 172.16.3.2 24       //设置 IP 地址
[Huawei-Vlanif998]int vlan 999               //进入 VLAN 端口
[Huawei-Vlanif999]ip add 20.20.20.2 24       //设置 IP 地址
[Huawei-Vlanif999]int vlan 1000              //进入 VLAN 端口
[Huawei-Vlanif1000]ip add 172.16.2.2 24      //设置 IP 地址
```

SW3：

```
<Huawei>sys                                  //进入系统视图
[Huawei]vlan batch 10 999                    //批量创建 VLAN
[Huawei]int vlan 10                          //进入 VLAN 接口
[Huawei-Vlanif10]ip add 192.168.1.254 24     //设置 IP 地址
[Huawei-Vlanif10]int vlan 999                //进入 VLAN 端口
[Huawei-Vlanif999]ip add 10.10.10.1 24       //设置 IP 地址
```

SW4：

```
<Huawei>sys                                  //进入系统视图
[Huawei]vlan batch 20 999                    //批量创建 VLAN
[Huawei]int vlan 20                          //进入 VLAN 端口
[Huawei-Vlanif20]ip add 192.168.2.254 24     //设置 IP 地址
[Huawei-Vlanif20]int vlan 999                //进入 VLAN 端口
[Huawei-Vlanif999]ip add 20.20.20.1 24       //设置 IP 地址
```

SW5：

```
<Huawei>sys                                  //进入系统视图
[Huawei]vlan batch 998 999 1000              //批量创建 VLAN
[Huawei]int vlan 998                         //进入 VLAN 端口
[Huawei-Vlanif998]ip add 40.40.40.2 24       //设置 IP 地址
[Huawei-Vlanif998]int vlan 999               //进入 VLAN 端口
[Huawei-Vlanif999]ip add 30.30.30.2 24       //设置 IP 地址
[Huawei-Vlanif999]int vlan 1000              //进入 VLAN 端口
```

```
[Huawei-Vlanif1000]ip add 172.16.3.2 24                //设置 IP 地址
```

SW6：

```
<Huawei>sys                                            //进入系统视图
[SW]sysname SW6                                        //修改名称
[SW6]vlan batch 10 999                                 //批量创建 VLAN
[SW6]int vlan 10                                       //进入 VLAN 端口
[SW6-Vlanif10]ip add 192.168.3.254 24                  //设置 IP 地址
[SW6-Vlanif10]int vlan 999                             //进入 VLAN 端口
[SW6-Vlanif999]ip add 30.30.30.1 24                    //设置 IP 地址
```

SW7：

```
<Huawei>sys                                            //进入系统视图
[Huawei]sysname SW7                                    //修改名称
[SW7]vlan batch 20 998                                 //批量创建 VLAN
[SW7]int vlan 20                                       //进入 VLAN 端口
[SW7-Vlanif20]ip add 192.168.4.254 24                  //设置 IP 地址
[SW7-Vlanif20]int vlan 998                             //进入 VLAN 端口
[SW7-Vlanif998]ip add 40.40.40.1 24                    //设置 IP 地址
```

(2) 划分交换机接口 VLAN。

SW1：

```
[Huawei]int g0/0/1                                     //进入 g0/0/1 接口
[Huawei-GigabitEthernet0/0/1]port link-type access     //设置端口类型为 Access
[Huawei-GigabitEthernet0/0/1]port default vlan 100     //划分 VLAN
[Huawei-GigabitEthernet0/0/1]int g0/0/2                //进入 g0/0/2 端口
[Huawei-GigabitEthernet0/0/2]port link-type access     //设置端口类型为 Access
[Huawei-GigabitEthernet0/0/2]port default vlan 100     //划分 VLAN
[Huawei-GigabitEthernet0/0/2]int g0/0/21               //进入 g0/0/21 端口
[Huawei-GigabitEthernet0/0/21]port link-type access    //设置端口类型为 Access
[Huawei-GigabitEthernet0/0/21]port default vlan 998    //划分 VLAN
[Huawei-GigabitEthernet0/0/22]int g0/0/23              //进入 g0/0/23 端口
[Huawei-GigabitEthernet0/0/23]port link-type access    //设置端口类型为 Access
[Huawei-GigabitEthernet0/0/23]port default vlan 999    //划分 VLAN
```

```
[Huawei-GigabitEthernet0/0/23]int g0/0/24              //进入 g0/0/24 端口
[Huawei-GigabitEthernet0/0/24]port link-type acccss  //设置端口类型为 Access
[Huawei-GigabitEthernet0/0/24]port default vlan 1000     //划分 VLAN
```

SW2：

```
[Huawei]int g0/0/21                                     //进入 g0/0/21 端口
[Huawei-GigabitEthernet0/0/21]port link-type access  //设置端口类型为 Access
[Huawei-GigabitEthernet0/0/21]port default vlan 998  //划分 VLAN
[Huawei-GigabitEthernet0/0/22]int g0/0/23              //进入 g0/0/23 端口
[Huawei-GigabitEthernet0/0/23]port link-type access  //设置端口类型为 Access
[Huawei-GigabitEthernet0/0/23]port default vlan 999  //划分 VLAN
[Huawei-GigabitEthernet0/0/23]int g0/0/24              //进入 g0/0/24 端口
[Huawei-GigabitEthernet0/0/24]port link-type access  //设置端口类型为 Access
[Huawei-GigabitEthernet0/0/24]port default vlan 1000     //划分 VLAN
```

SW3：

```
[Huawei]int g0/0/1                                      //进入 g0/0/1 接口
[Huawei-GigabitEthernet0/0/1]port link-type access    //设置端口类型为 Access
[Huawei-GigabitEthernet0/0/1]port default vlan 10     //划分 VLAN
[Huawei-GigabitEthernet0/0/1]int g0/0/2               //进入 g0/0/2 端口
[Huawei-GigabitEthernet0/0/2]port link-type access    //设置接口类型为 Access
[Huawei-GigabitEthernet0/0/2]port default vlan 10     //划分 VLAN
[Huawei-GigabitEthernet0/0/2]int g0/0/23              //进入 g0/0/23 端口
[Huawei-GigabitEthernet0/0/23]port link-type access  //设置接口类型为 Access
[Huawei-GigabitEthernet0/0/23]port default vlan 999  //划分 VLAN
```

SW4：

```
[Huawei]int g0/0/1                                      //进入 g0/0/1 接口
[Huawei-GigabitEthernet0/0/1]port link-type access    //设置端口类型为 Access
[Huawei-GigabitEthernet0/0/1]port default vlan 20     //划分 VLAN
[Huawei-GigabitEthernet0/0/1]int g0/0/2               //进入 g0/0/2 端口
[Huawei-GigabitEthernet0/0/2]port link-type access    //设置端口类型为 Access
[Huawei-GigabitEthernet0/0/2]port default vlan 20     //划分 VLAN
[Huawei-GigabitEthernet0/0/2]int g0/0/23              //进入 g0/0/23 端口
```

```
[Huawei-GigabitEthernet0/0/23]port link-type access  //设置端口类型为 Access
[Huawei-GigabitEthernet0/0/23]port default vlan 999  //划分 VLAN
```

SW5：

```
[Huawei]int g0/0/22                                  //进入 g0/0/22 端口
[Huawei-GigabitEthernet0/0/22]port link-type access  //设置端口类型为 Access
[Huawei-GigabitEthernet0/0/22]port default vlan 998  //划分 VLAN
[Huawei-GigabitEthernet0/0/22]int g0/0/23            //进入 g0/0/23 端口
[Huawei-GigabitEthernet0/0/23]port link-type access  //设置端口类型为 Access
[Huawei-GigabitEthernet0/0/23]port default vlan 999  //划分 VLAN
[Huawei-GigabitEthernet0/0/23]int g0/0/24            //进入 g0/0/24 端口
[Huawei-GigabitEthernet0/0/24]port link-type access  //设置端口类型为 Access
[Huawei-GigabitEthernet0/0/24]port default vlan 1000 //划分 VLAN
```

SW6：

```
[Huawei]int g0/0/1                                   //进入 g0/0/1 端口
[Huawei-GigabitEthernet0/0/1]port link-type access   //设置端口类型为 Access
[Huawei-GigabitEthernet0/0/1]port default vlan 10    //划分 VLAN
[Huawei-GigabitEthernet0/0/1]int g0/0/23             //进入 g0/0/23 端口
[Huawei-GigabitEthernet0/0/23]port link-type access  //设置端口类型为 Access
[Huawei-GigabitEthernet0/0/23]port default vlan 999  //划分 VLAN
```

SW7：

```
[Huawei]int g0/0/1                                   //进入 g0/0/1 端口
[Huawei-GigabitEthernet0/0/1]port link-type access   //设置端口类型为 Access
[Huawei-GigabitEthernet0/0/1]port default vlan 20    //划分 VLAN
[Huawei-GigabitEthernet0/0/1]int g0/0/22             //进入 g0/0/22 端口
[Huawei-GigabitEthernet0/0/22]port link-type access  //设置端口类型为 Access
[Huawei-GigabitEthernet0/0/22]port default vlan 998  //划分 VLAN
```

(3) 路由配置。

R1：

```
<Huawei>sys
[Huawei]ip route-static 0.0.0.0 0 1.1.1.2            //设置默认路由
[Huawei]ip route-static 0.0.0.0 0 2.2.2.2 preference 100 //设置备用默认路由
```

```
[Huawei]ip route-static 200.200.200.0 24 100.100.100.200 //配置访问互联网静态路由
[Huawei]ip route-static 192.168.1.0 24 172.16.1.2      //配置东区静态路由
[Huawei]ip route-static 192.168.2.0 24 172.16.2.2      //配置西区静态路由
[Huawei]ip route-static 192.168.5.0 24 172.16.1.2      //配置服务器区域静态路由
```

R2：

```
[Huawei]ip route-static 0.0.0.0 0 1.1.1.1                //配置默认路由
[Huawei]ip route-static 0.0.0.0 0 2.2.2.1 preference 100 //配置默认备用路由
[Huawei]ip route-static 192.168.3.0 24 172.16.3.2        //配置访问西区静态路由
[Huawei]ip route-static 192.168.4.0 24 172.16.3.2        //配置访问西区静态路由
```

R3：

```
[Huawei]ip route-static 0.0.0.0 0 100.100.100.100        //配置默认路由
```

SW1：

```
[Huawei]ip route-static 0.0.0.0 0 172.16.1.1             //配置默认路由
[Huawei]ip route-static 192.168.1.0 24 10.10.10.1        //配置回指路由
```

SW2：

```
[Huawei]ip route-static 0.0.0.0 0 172.16.2.1             //配置默认路由
[Huawei]ip route-static 192.168.2.0 24 20.20.20.1        //配置回指路由
```

SW3：

```
[Huawei]ip route-static 0.0.0.0 0 10.10.10.2             //配置默认路由
```

SW4：

```
[Huawei]ip route-static 0.0.0.0 0 20.20.20.2             //配置默认路由
```

SW5：

```
[Huawei]ip route-static 0.0.0.0 0 172.16.3.1             //配置默认路由
[Huawei]ip route-static 192.168.3.0 24 30.30.30.1        //配置西区回指路由
[Huawei]ip route-static 192.168.4.0 24 40.40.40.1        //配置西区回指路由
```

SW6：

```
[Huawei]ip route-static 0.0.0.0 0 30.30.30.2             //配置默认路由
```

SW7：

```
[Huawei]ip route-static 0.0.0.0 0 40.40.40.2             //配置默认路由
```

实验验证

使用 ping 命令验证各台 PC 之间的连通性，并通过 tracert 命令跟踪数据包的走向，理解静态路由的意义。

任务评价表

序号	任务考核点名称	任务考核指标	自我评价 （0～10 分）	教师评价 （0～10 分）
1	理解静态路由	能够理解静态路由的概念		
2	理解三层交换机	能够理解三层交换机概念并熟练配置 VLAN 间路由		
3	配置浮动路由	熟练配置浮动路由，理解浮动路由的原理		
4	实验配置	能够在 90 分钟之内完成实验		
本次任务总结：				

3.8 【扩展阅读】

国产路由器的发展历程经历了多个阶段，反映了中国网络通信技术的迅速发展和创新。以下是对其发展历程的简要概述。

1. 早期发展(1980—2000 **年**)

最初，中国路由器市场主要依赖进口产品。然而，随着国内通信技术的不断发展，一些企业开始涉足路由器领域。

1992 年底，中科院网络中心研发了中国第一台路由器，标志着中国在路由器技术方面取得了重要突破。

1996 年，华为推出了其第一款路由器 Quidway R2501，这被认为是中国路由器技术发展的重要里程碑。

2. 技术创新与市场拓展(2000—2010 **年**)

进入 21 世纪后，国产路由器在技术创新和市场拓展方面取得了显著进步。华为、迈普等国内企业相继推出了具有自主知识产权的路由器产品，如华为 Quidway R3600 系列、迈普 MP2600 等。

这些产品不仅满足了国内市场的需求，还逐渐在国际市场上获得了认可。

3. 高速发展与产业升级(2010年至今)

随着互联网技术的快速发展和物联网、云计算等新兴技术的兴起,国产路由器迎来了高速发展期。

华为、中兴等国内企业纷纷推出高性能、高可靠性的路由器产品,以满足不断增长的网络带宽和数据处理需求。

同时,这些企业还加强了在云计算、大数据等领域的研发投入,推动路由器产业向智能化、网络化、安全化方向发展。

在国产路由器的发展历程中,技术创新是推动其不断发展的重要动力。从最初的集中转发、总线交换技术到后来的分布转发、接口模块化技术,再到现在的智能化、安全化技术,国产路由器不断吸收国际先进技术并结合自身实际情况进行创新。这种持续的创新能力使得国产路由器在市场上保持了竞争优势,并为中国网络通信技术的发展做出了重要贡献。

此外,随着5G、物联网等新一代信息技术的不断发展,国产路由器将面临更加广阔的市场前景和更加严峻的挑战。未来,国产路由器需要进一步加强在智能化、网络化、安全化等方面的技术研发和创新,以满足不断变化的市场需求和用户需求。同时,还需要加强与国际先进企业的合作与交流,共同推动全球网络通信技术的发展和进步。

3.9 【项目总结】

通过本项目的学习,同学们应该对网络路由技术有了一定的了解,也能够凭借自己学到的知识点,维护小型的网络以及处理简单的故障。但是,光靠课本上的学习还是不够的,我们还需要多多练习实验配置,在真实路由器上进行练习配置,可以提高我们对真机的了解程度,有些配置在模拟器上并不需要,但是在真机上需要注意。这些都是我们将课本上的知识转化成实操经验所必须经历的步骤。

在本项目中,我们学习了网络路由的基础技术,包括路由技术的概念、常见的路由协议。在静态路由方面,我们学习了静态路由、默认路由、汇总路由、浮动路由的配置。在这里,大家一定要注意在写路由的时候如何区分目的网段和下一跳地址。而在动态路由方面,我们学习了OSPF动态路由、路由计算方式和主备路由选举原则,同时我们也通过几个实验来对OSPF路由进行配置。而在VLAN间路由方面,我们学习了单臂路由和三层交换,大家一定要清楚网络世界里面不是一层不变的,不同VLAN间不能通信的原则也会在使用三层路由功能的时候打破。因此,辩证地学习网络技术,是同学们必须具备的素养。

项目四：网络安全技术实战

4.1 【项目介绍】

经过前几章的学习，你已经对计算机网络技术有了基本的了解，可以胜任组建一个小型局域网络的工作。但是在实际的网络环境中，搭建好网络只是第一步，作为网络管理员，还需要学会如何保障自己所管理的网络系统的安全性。特别是一些特殊行业，如金融系统、交通系统、政务系统等，对网络安全性的要求会更高。在本项目的学习中，你会学习到一些基础的网络安全技术，在以后的工作中运用这些网络安全技术，可以保障业务系统安全，提升业务价值。

4.2 【学习目标】

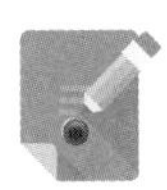

【知识目标】

1. 了解网络安全技术基础。
2. 了解网络地址转换相关原理。
3. 了解访问控制列表技术相关原理。
4. 了解防火墙发展及防火墙配置技术。

【技能目标】

1. 能够配置网络地址转换。
2. 能够配置访问控制列表。
3. 能够配置防火墙。

【素质目标】

1. 培养网络安全意识。

2. 了解国产化防火墙的发展历史和重要性。

3. 认识自主可控的重要性。

4.3 任务一：网络安全基础

本任务知识点

本项目的内容为网络安全，要学习网络安全，我们就需要了解一下什么是网络攻击。

网络攻击(cyber attacks，也称赛博攻击)是指针对计算机信息系统、基础设施、计算机网络或个人计算机设备的任何类型的进攻动作。这些攻击就是利用网络信息系统存在的漏洞和安全缺陷对系统和资源进行攻击的。

对于计算机和计算机网络来说，破坏、揭露、修改、使软件或服务失去功能、在没有得到授权的情况下偷取或访问任何一台计算机的数据，都会被视为网络攻击。网络攻击的方式多种多样，包括但不限于以下几种。

(1) 主动攻击：主动攻击会导致某些数据流的篡改和虚假数据流的产生。这类攻击可篡改、伪造消息数据和终端(拒绝服务)。例如，篡改消息是指一个合法消息的某些部分被改变、删除，消息被延迟或改变顺序；伪造消息指的是某个实体(人或系统)发出含有其他实体身份信息的数据信息，假扮成其他实体，从而以欺骗方式获取一些合法用户的权利和特权；拒绝服务即常说的 DoS(deny of service)，会导致通信设备在正常使用时被无条件地中断。

(2) 被动攻击：被动攻击中攻击者不对数据信息做任何修改，而是进行截取/窃听。

(3) XSS 攻击(跨站脚本攻击)：攻击者向有 XSS 漏洞的网站中输入恶意的 HTML 代码，当其他用户浏览该网站时，这段代码就会执行，攻击者就可以窃取用户的会话信息或进行其他恶意操作。

(4) CSRF 攻击(跨站请求伪造)：攻击者利用受害者已经登录的身份，在受害者毫不知情的情况下，以受害者的名义执行非法的操作。

(5) SQL 注入：攻击者通过向应用程序的输入字段中插入恶意的 SQL 代码，来欺骗应用程序执行非法的数据库操作，从而窃取或篡改数据。

(6) DDoS 攻击(分布式拒绝服务攻击)：攻击者控制大量计算机或设备，对目标系统发起大量的无效请求，导致目标系统无法处理正常请求，从而拒绝服务。

此外，还有 ARP 攻击、中间人攻击、暴力破解攻击、网络钓鱼等多种网络攻击方式。这些攻击方式都可能对计算机信息系统、基础设施、计算机网络或个人计算机设备造成严重的威胁和损失。因此，加强网络安全意识，采取有效的防护措施，是保护个人和组织免受网络攻击的重要措施。

针对上述提到的网络攻击，以下是一些常见的防御手段。

1. 使用强密码和多因素认证

- 强密码：确保密码复杂且难以猜测，避免使用常见的单词、短语或容易猜到的个人信息。

● 多因素认证：除了密码外，还需要其他验证因素，如手机验证码、指纹识别等，以增加账户的安全性。

2. 定期更新和打补丁

● 确保操作系统、应用程序和安全软件都是最新版本，以修复已知的安全漏洞。

3. 使用防火墙和内容过滤

● 防火墙：配置防火墙以阻止未经授权的访问，并监控进出网络的流量。

● 内容过滤：使用内容过滤技术来阻止恶意网站、电子邮件和文件的访问。

4. 部署安全解决方案

● 入侵检测系统（IDS）和入侵防御系统（IPS）：这些系统可以监控网络流量，检测并防御潜在的威胁。

● 虚拟私人网络（VPN）：在不安全的网络（如公共 Wi-Fi）上建立安全的加密连接。

● Web 应用防火墙（WAF）：可以保护网站不受跨站脚本攻击和其他 Web 应用安全威胁。

5. 数据备份和恢复计划

● 定期备份重要数据，并确保有有效的恢复计划，以便在发生攻击时能够迅速恢复数据和服务。

6. 安全培训和教育

● 提高员工对网络安全的意识，教育他们如何识别和避免常见的网络攻击，如网络钓鱼、恶意软件等。

7. 访问控制和权限管理

● 限制用户和设备对敏感资源的访问，确保只有经过身份验证和授权的用户才能访问关键系统和数据。

8. 加密通信

● 使用 HTTPS 等加密协议来保护数据的传输过程，确保数据在传输过程中不被窃取或篡改。

9. 使用安全的 DNS 服务

● 选择安全性较高的 DNS 服务提供商，以减少 DNS 劫持和中间人攻击的风险。

10. 安全审计和监控

● 定期进行安全审计，以评估网络的安全性，并检测潜在的安全漏洞。

● 使用安全信息和事件管理（SIEM）工具来监控和分析网络流量、日志和事件，以便及时发现并响应潜在的威胁。

这些手段可以单独使用，也可以结合使用，以形成一个多层次的防御体系，提高网络的安全性。然而，需要注意的是，保障网络安全是一个持续的过程，需要定期更新和改进防御策略，以应对不断变化的网络威胁。

4.4 任务二：网络地址转换(NAT)技术

实验工单卡

实训名称		推荐工时	45 分钟
日期		地点	
指导老师		实训成绩	
学生姓名		班级	
实训目的：			
拓扑设计：			
设备配置关键命令：			
实训结果：			

本任务知识点

网络地址转换技术也称为 NAT 技术，该技术的产生背景是为了应对现在 IPv4 地址资源枯竭和 IPv6 技术的普及。随着计算机网络技术的发展，物联网技术也有了前所未有的突破，导致原本能够分配约 43 亿个的 IPv4 地址严重不够用。同时，IPv4 公有地址资源存在分配不均匀的问题，导致部分地区的 IPv4 可用公有地址严重不足，因此催生了 NAT 技术的产生。NAT 技术主要能够解决以下几个问题。

（1）节省 IPv4 地址资源：通过 NAT 技术，可以将内部的私有网络地址转换成一个公有网络地址进行网络通信。以学校为例，学校内部的主机可以使用 A 类私网地址，一旦需要访问互联网，则由学校的网关设备利用 NAT 技术，将其转换成一个公有网络地址来进行数据通信。对于一个大学来说，一个学校只需要一个公有网络地址就可以解决全校师生访问互联网的需求，因此大大节省了 IPv4 地址资源。

（2）提高网络安全性：NAT 技术隐藏了内部私有网络的 IP 地址，使得外部网络无法直接访问内部网络。这增加了网络的安全性，因为攻击者无法直接扫描或攻击内部网络的设备。

（3）实现内外网络隔离：NAT 技术将内部私有网络的 IP 地址转换为公有网络的 IP 地址，实现了内外网络的隔离。这使得内部网络能够更好地控制对外部网络的访问，同时也保护了内部网络免受外部网络的潜在威胁。

（4）灵活性和管理简单：NAT 技术可以根据需要动态地分配 IP 地址，提高了网络的灵活性。同时，它也简化了 IP 地址管理的工作，使得网络管理员更容易管理网络。

NAT 主要有三种类型：静态 NAT、动态 NAT 和网络地址端口转换（NAPT）。静态 NAT 为每个内部主机分配一个固定的外部地址，实现简单且稳定；动态 NAT 则是在外部网络中定义一系列的合法地址，采用动态分配的方法映射到内部网络中；NAPT 则是将内部地址映射到外部网络中的一个 IP 地址的不同端口上，适用于中小型网络。

总体来说，NAT 技术是一种重要的网络技术，它通过地址转换解决了 IP 地址短缺问题，提高了网络的安全性和灵活性，并简化了网络管理。

背景描述

××公司有 2 台路由器，分别连接了内部网络和外部网络，该公司的网络管理员想使用 NAT 技术对内部网络访问互联网的行为进行网络地址转换。

绘制图 4-1 所示的拓扑图，使用路由器 AR2220 及交换机 S5700。

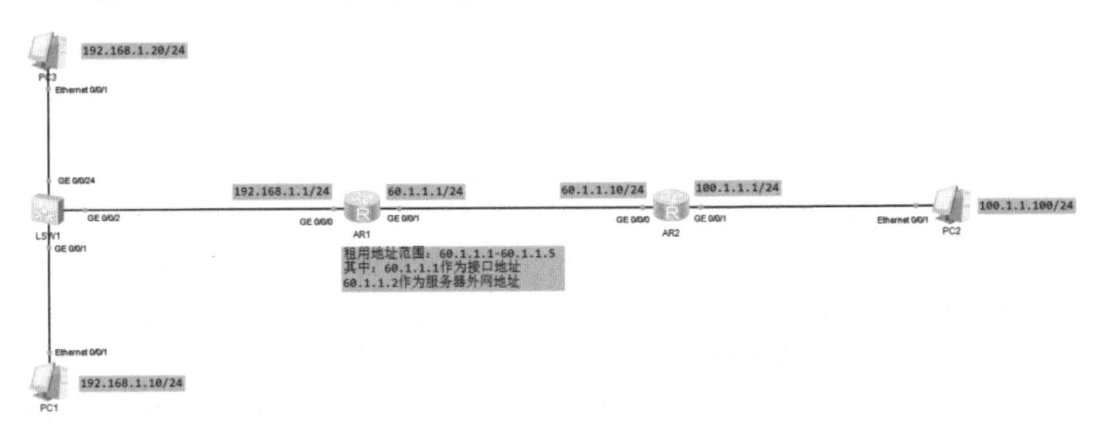

图 4-1　网络地址转换技术实验拓扑图

使用 2 台路由器分别作为内网和外网边界路由器，内网 PC 为 PC1 和 PC3，外网 PC 为 PC2。按照以下需求进行配置，以完成实验。

需求 1：配置实现内网用户通过 NAT 技术访问外网（源转换）。

需求 2：配置实现外网用户首先通过目的 NAT 地址转换，然后再通过 60.1.1.2 访问内网服务器（目的转换）。

需求 3：配置实现内网用户通过公网地址 60.1.1.2 正常访问内网服务器（双向转换）。

思考：内网用户通过公网地址访问内网服务器，这样部署的优势是什么？

配置步骤

（1）基本网络配置。

R1 配置：

```
<Huawei>sys
[Huawei]sysname R1
[R1]int g0/0/0
[R1-GigabitEthernet0/0/0]ip add 192.168.1.1 24
[R1-GigabitEthernet0/0/0]int g0/0/1
[R1-GigabitEthernet0/0/1]ip add 60.1.1.1 24
[R1-GigabitEthernet0/0/1]qu
[R1]ip route-static 0.0.0.0 0 60.1.1.10
```

R2 配置：

```
<Huawei>sys
[Huawei]sysname R2
[R2]int g0/0/0
[R2-GigabitEthernet0/0/0]ip add 60.1.1.10 24
[R2-GigabitEthernet0/0/0]int g0/0/1
[R2-GigabitEthernet0/0/1]ip add 100.1.1.1 24
```

需求 1 配置：

```
[R1]acl 2000
[R1-acl-basic-2000]rule permit source 192.168.1.10 0.0.0.0   //建立一条 ACL 匹配策略，允许源地址 192.168.1.10 通过
[R1-acl-basic-2000]qu
[R1]nat address-group 1 60.1.1.3 60.1.1.5   //在 R1 上建立一个地址池，地址池范围为 60.1.1.3～60.1.1.5
[R1]int g0/0/1   //进入 g0/0/1 接口
[R1-GigabitEthernet0/0/1]nat outbound 2000 address-group 1   //在该接口的出方向上引用 ACL 2000 及地址池 1 的策略
```

测试 PC1 和 PC2 的连通性，并在路由器 g0/0/1 端口抓包查看源目的 IP 地址。

从图 4-2 可以看到，PC1 和 PC2 的网络已经连通。

```
PC>ping 100.1.1.100

Ping 100.1.1.100: 32 data bytes, Press Ctrl_C to break
Request timeout!
Request timeout!
Request timeout!
From 100.1.1.100: bytes=32 seq=4 ttl=126 time=31 ms
From 100.1.1.100: bytes=32 seq=5 ttl=126 time=47 ms

--- 100.1.1.100 ping statistics ---
  5 packet(s) transmitted
  2 packet(s) received
  60.00% packet loss
  round-trip min/avg/max = 0/39/47 ms
```

图 4-2　连通性测试 1

在路由器的 g0/0/1 端口进行抓包，看到源地址为 60.1.1.5，这个地址是我们建立的 NAT 地址池分配的一个虚拟 IP 地址，而并不是 PC1 真实的 IP 地址，因此，源 NAT 地址转换配置成功，如图 4-3 所示。

No.	Time	Source	Destination	Protocol	Length	Info
1	0.0000…	60.1.1.5	100.1.1.100	ICMP	74	Echo (ping) request id=0x0528, seq=1/256, ttl=127 (no response found!)
2	1.9850…	60.1.1.5	100.1.1.100	ICMP	74	Echo (ping) request id=0x0628, seq=2/512, ttl=127 (reply in 3)
3	2.0000…	100.1.1.100	60.1.1.5	ICMP	74	Echo (ping) reply id=0x0628, seq=2/512, ttl=127 (request in 2)
4	3.0310…	60.1.1.5	100.1.1.100	ICMP	74	Echo (ping) request id=0x0728, seq=3/768, ttl=127 (reply in 5)
5	3.0470…	100.1.1.100	60.1.1.5	ICMP	74	Echo (ping) reply id=0x0728, seq=3/768, ttl=127 (request in 4)
6	4.0780…	60.1.1.5	100.1.1.100	ICMP	74	Echo (ping) request id=0x0828, seq=4/1024, ttl=127 (reply in 7)
7	4.0780…	100.1.1.100	60.1.1.5	ICMP	74	Echo (ping) reply id=0x0828, seq=4/1024, ttl=127 (request in 6)
8	5.1100…	60.1.1.5	100.1.1.100	ICMP	74	Echo (ping) request id=0x0928, seq=5/1280, ttl=127 (reply in 9)
9	5.1100…	100.1.1.100	60.1.1.5	ICMP	74	Echo (ping) reply id=0x0928, seq=5/1280, ttl=127 (request in 8)

图 4-3　抓包分析 1

需求 2 配置：

```
[R1]int g0/0/1
[R1-GigabitEthernet0/0/1]nat static global 60.1.1.2 inside 192.168.1.20 netmask 255.255.255.255  //在该端口上配置的全局地址为 60.1.1.2，访问该地址的时候将访问的目的地址转换成内部的 192.168.1.20
```

测试 PC2 和 PC3 的连通性，并抓包分析。

从图 4-4 可以看到，在 PC2 上去 ping 我们刚才配置的全局虚拟地址，已经能够 ping 通，我们通过抓包的方式来看数据包情况。

通过在路由器 R1 的 g0/0/1 端口抓包，我们看到源地址为 60.1.1.2 的数据包在应答 PC2 发送的数据，因此若要访问 PC3，只需要去 ping 60.1.1.2 这个全局地址，路由器会自动将我们的 ping 需求转化给内部真实的主机，如图 4-5 所示。

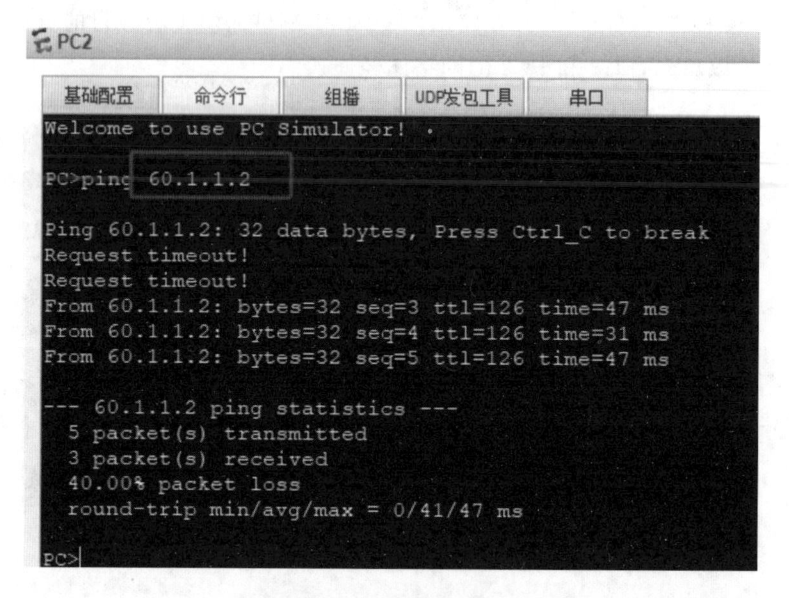

图 4-4　连通性测试 2

No.	Time	Source	Destination	Protocol	Length	Info
12	176.75…	100.1.1.100	60.1.1.2	ICMP	74	Echo (ping) request id=0xf354, seq=2/512, ttl=127 (no response found!)
13	178.75…	100.1.1.100	60.1.1.2	ICMP	74	Echo (ping) request id=0xf554, seq=3/768, ttl=127 (reply in 14)
14	178.79…	60.1.1.2	100.1.1.100	ICMP	74	Echo (ping) reply id=0xf554, seq=3/768, ttl=127 (request in 13)
15	179.81…	100.1.1.100	60.1.1.2	ICMP	74	Echo (ping) request id=0xf654, seq=4/1024, ttl=127 (reply in 16)
16	179.84…	60.1.1.2	100.1.1.100	ICMP	74	Echo (ping) reply id=0xf654, seq=4/1024, ttl=127 (request in 15)
17	180.86…	100.1.1.100	60.1.1.2	ICMP	74	Echo (ping) request id=0xf754, seq=5/1280, ttl=127 (reply in 18)
18	180.89…	60.1.1.2	100.1.1.100	ICMP	74	Echo (ping) reply id=0xf754, seq=5/1280, ttl=127 (request in 17)

图 4-5　抓包分析 2

需求 3 配置：

[R1]acl 3000　//创建 ACL 3000

[R1-acl-adv-3000]rule permit ip source 192.168.1.10 0.0.0.0 destination 60.1.1.2 0　//建立策略，匹配源地址 192.168.1.10 到 60.1.1.2 的数据包

[R1-acl-adv-3000]int g0/0/0　//进入 g0/0/0

[R1-GigabitEthernet0/0/0]nat static global 60.1.1.2 inside 192.168.1.20 netmask 255.255.255.255　//建立策略，将全局地址 60.1.1.2 转换成 192.168.1.20

[R1-GigabitEthernet0/0/0]nat outbound 3000　//在 g0/0/0 端口的出方向引用 3000

测试 PC1 和 PC3 的连通性，并抓包分析。

从图 4-6 可以看到，在 PC1 上去 ping 60.1.1.2 这个地址已经能够 ping 通。我们通过抓包分析发现，PC1 去 ping 的时候，首先发送了一个源地址为自身、目的地址为 60.1.1.2 的 request 请求包；然后路由器再转换成源地址为 192.168.1.1、目的地址为 192.168.1.20 的数据包进行 request 请求。最后 192.168.1.20 对该数据包进行回复，路由器也将该回复数据包源目的地址进行修改，最终回复给 PC1，如图 4-7 所示。

```
PC>ping 60.1.1.2

Ping 60.1.1.2: 32 data bytes, Press Ctrl_C to break
From 60.1.1.2: bytes=32 seq=1 ttl=127 time=78 ms
From 60.1.1.2: bytes=32 seq=2 ttl=127 time=93 ms
From 60.1.1.2: bytes=32 seq=3 ttl=127 time=79 ms
From 60.1.1.2: bytes=32 seq=4 ttl=127 time=93 ms
From 60.1.1.2: bytes=32 seq=5 ttl=127 time=63 ms
```

图 4-6　连通性测试 3

12	176.75…	100.1.1.100	60.1.1.2	ICMP	74 Echo (ping) request	id=0xf354, seq=2/512, ttl=127 (no response found!)
13	178.75…	100.1.1.100	60.1.1.2	ICMP	74 Echo (ping) request	id=0xf554, seq=3/768, ttl=127 (reply in 14)
14	178.79…	60.1.1.2	100.1.1.100	ICMP	74 Echo (ping) reply	id=0xf554, seq=3/768, ttl=127 (request in 13)
15	179.81…	100.1.1.100	60.1.1.2	ICMP	74 Echo (ping) request	id=0xf654, seq=4/1024, ttl=127 (reply in 16)
16	179.84…	60.1.1.2	100.1.1.100	ICMP	74 Echo (ping) reply	id=0xf654, seq=4/1024, ttl=127 (request in 15)
17	180.86…	100.1.1.100	60.1.1.2	ICMP	74 Echo (ping) request	id=0xf754, seq=5/1280, ttl=127 (reply in 18)
18	180.89…	60.1.1.2	100.1.1.100	ICMP	74 Echo (ping) reply	id=0xf754, seq=5/1280, ttl=127 (request in 17)

图 4-7　抓包分析 3

思考问题答案：在现在的网络中，经常会配置双向转换，来保障内部服务器的安全，配置完双向转换的数据访问流向如图 4-8 所示。

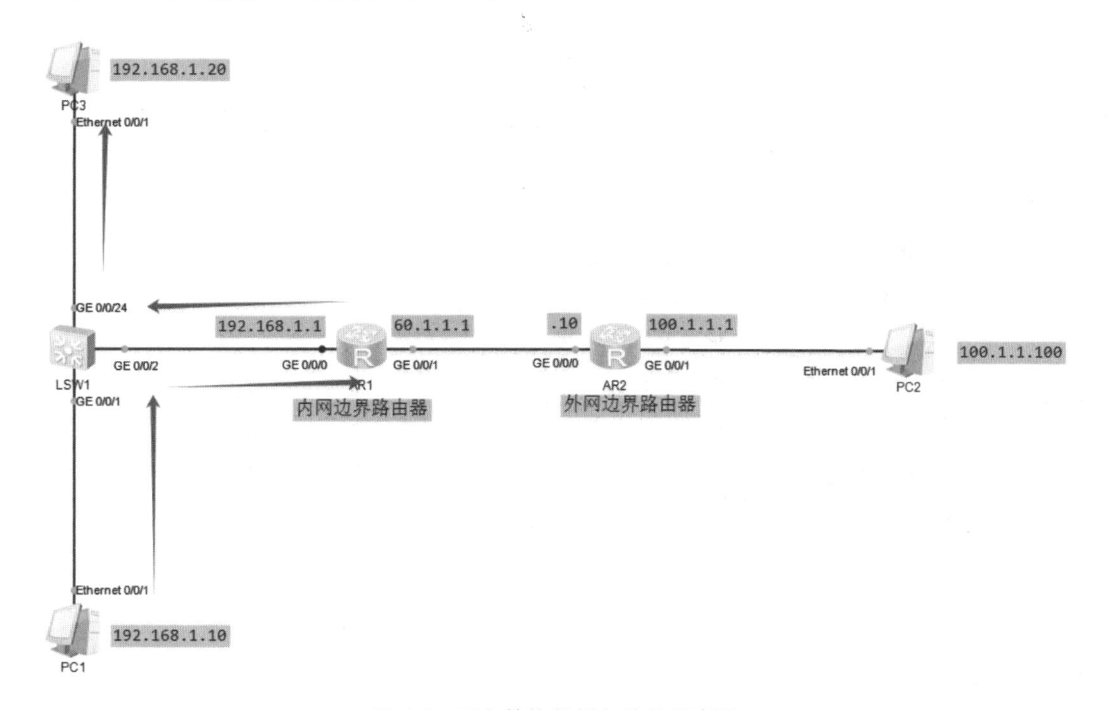

图 4-8　双向转换数据包路径示意图

本来 PC1 去访问 PC3 可以直接经过交换机 SW1 去访问，但是为了安全，我们将内部的主机也设置成不受信任的主机，内部主机要访问内部服务器，也需要经过边界路由器进行转换一次，这样做的好处可以提高网络的安全性，同时也可以避免内部主机被攻陷时直接绕过所有安全防护手段对内部服务器进行访问。

工程师提示

各位同学可以这样来记忆NAT的三种转换模式，内部访问外部称为源转换，因为我们需要上网，需要把源地址转换成外部公网地址。外部访问内部称为目的转换，因为外部的用户不需要知道内部真实服务器IP地址，给他一个公网地址，只要是访问这个地址的某个固定端口，就会转换到内部服务器真实IP地址，这个地址只有路由器知道，其他人都不知道。内部访问内部，从外面转一个圈回来，这个称为双向转换，这是为了保障内部服务器的安全而采取的一种安全措施。地址转换技术在促进网络通信的同时，也引发了对网络空间公平与正义的思考。一方面，它使得更多的用户能够接入互联网，享受信息时代的便利；另一方面，也可能导致一些安全问题，如DDoS攻击等，影响网络环境的稳定和安全。因此，我们在应用地址转换技术时，要始终关注网络空间的公平与正义问题，加强网络安全意识，维护网络环境的和谐与稳定。同时，我们也要积极参与网络治理和规则制定工作，为构建一个更加公正、合理的网络空间贡献自己的力量。

任务评价表

序号	任务考核点名称	任务考核指标	自我评价（0～10分）	教师评价（0～10分）
1	理解网络地址转换技术概念	能够理解网络地址转换技术的产生背景和转换概念		
2	理解三种转换模式	能够理解源转换、目的转换和双向转换的区别		
3	理解双向转换的意义	能够理解双向转换的意义和原理		
4	实验配置	能够在45分钟之内配置完成实验		
本次任务总结：				

4.5 任务三：访问控制列表(ACL)技术

本任务知识点

访问控制列表(access control lists,ACL)技术，是一种网络安全技术，用于控制对网络资源(如路由器、交换机、服务器)的访问权限。ACL 可以通过一系列规则来定义允许或拒绝特定的网络数据包对网络资源的访问。

ACL 的基本工作原理：当网络设备接收到数据包时，它会根据 ACL 中定义的规则来检查数据包的源地址、目的地址、端口号等信息，以确定是否允许该数据包通过。如果数据包符合 ACL 中的允许规则，则数据包将被允许通过；如果数据包不符合任何允许规则或符合拒绝规则，则数据包将被丢弃或拒绝。

在理解了 ACL 的工作原理以后，我们需要对 ACL 配置中比较重要的知识进行记忆。其中就包括基本 ACL 和高级(扩展)ACL。它们的区别包含以下几点。

1. 编号范围不同

● 基本 ACL 的编号范围通常是 2000～2999(尽管在不同的设备和系统中，编号范围可能有所不同)。

● 扩展 ACL 的编号范围则包括 100～199 和 2000～2699(同样，这也可能因设备和系统而异)。

2. 过滤规则不同

● 基本 ACL 主要基于源 IP 地址进行过滤。也就是说，它只能根据数据包的源 IP 地址来判断是否允许或拒绝数据包通过。

● 扩展 ACL 则提供了更复杂的过滤规则。除了源 IP 地址之外，它还可以根据目标 IP 地址、源/目标端口号、协议类型等多种条件进行过滤。这使得扩展 ACL 能够更精确地控制网络流量和访问权限。

3. 功能和应用场景

● 由于基本 ACL 只关注源 IP 地址，因此它通常用于简单的访问控制场景，如限制某个 IP 地址段的设备访问网络资源。

● 扩展 ACL 则更适合用于复杂的网络环境和安全需求。通过定义多种过滤条件，它可以更精细地控制网络流量，防止未经授权的访问和恶意攻击。

4. 配置和管理

● 由于扩展 ACL 涉及更多的过滤条件和规则，因此在配置和管理上可能相对复杂一些，需要管理员对网络协议和访问控制策略有深入的了解。

● 基本 ACL 的配置相对简单，适合用于对网络安全要求不高的场景。

4.5.1 子任务一：基于 ACL 的访问控制列表技术

实验工单卡

实训名称		推荐工时	45 分钟
日期		地点	
指导老师		实训成绩	
学生姓名		班级	
实训目的：			
拓扑设计：			
设备配置关键命令：			
实训结果：			

背景描述

公司财务部和技术部各有 1 台 PC，由于业务需要，2 台 PC 均需访问互联网，但出于安全考虑，需要配置 ACL 访问控制策略不允许财务部和技术部的 PC 互访。

创建图 4-9 所示的拓扑图，使用路由器 AR2220 及交换机 S5700。

配置步骤

(1) 配置路由器的端口 IP 地址。

R1 配置：

```
<Huawei>sys
```

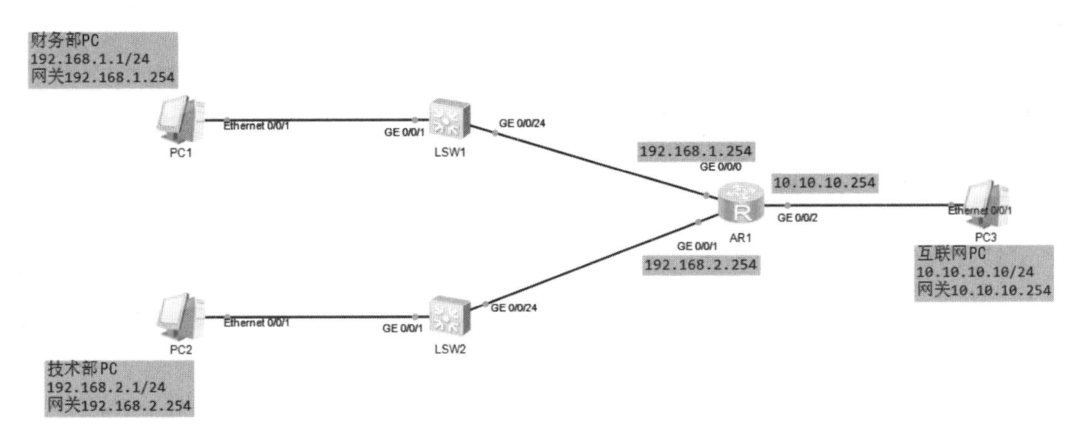

图 4-9　访问控制列表实验拓扑图

```
[Huawei]int g0/0/0
[Huawei-GigabitEthernet0/0/0]ip add 192.168.1.254 24
[Huawei-GigabitEthernet0/0/0]int g0/0/1
[Huawei-GigabitEthernet0/0/1]ip add 192.168.2.254 24
[Huawei-GigabitEthernet0/0/1]int g0/0/2
[Huawei-GigabitEthernet0/0/2]ip add 10.10.10.254 24
```

PC 配置：

PC1、PC2、PC3 的 IP 地址配置分别如图 4-10、图 4-11、图 4-12 所示。

PC1
基础配置 | 命令行 | 组播 | UDP发包工具 | 串口
主机名：
MAC 地址：54-89-98-ED-01-1A
IPv4 配置
静态　DHCP　自动获取 DNS 服务器地址
IP 地址：192 . 168 . 1 . 1　DNS1：0 . 0 . 0 . 0
子网掩码：255 . 255 . 255 . 0　DNS2：0 . 0 . 0 . 0
网关：192 . 168 . 1 . 254
IPv6 配置
静态　DHCPv6
IPv6 地址：::
前缀长度：128
IPv6 网关：::
应用

图 4-10　PC1 的 IP 地址配置 1

PC2

基础配置 | 命令行 | 组播 | UDP发包工具 | 串口

主机名：

MAC 地址：54-89-98-AC-19-00

IPv4 配置

静态　DHCP　自动获取 DNS 服务器地址

IP 地址：192 . 168 . 2 . 1　DNS1：0 . 0 . 0 . 0

子网掩码：255 . 255 . 255 . 0　DNS2：0 . 0 . 0 . 0

网关：192 . 168 . 2 . 254

IPv6 配置

静态　DHCPv6

IPv6 地址：::

前缀长度：128

IPv6 网关：::

应用

图 4-11　PC2 的 IP 地址配置 1

PC3

基础配置 | 命令行 | 组播 | UDP发包工具 | 串口

主机名：

MAC 地址：54-89-98-CF-5B-A4

IPv4 配置

静态　DHCP　自动获取 DNS 服务器地址

IP 地址：10 . 10 . 10 . 10　DNS1：0 . 0 . 0 . 0

子网掩码：255 . 255 . 255 . 0　DNS2：0 . 0 . 0 . 0

网关：10 . 10 . 10 . 254

IPv6 配置

静态　DHCPv6

IPv6 地址：::

前缀长度：128

IPv6 网关：::

应用

图 4-12　PC3 的 IP 地址配置 1

在 R1 上配置 ACL 策略，让财务部和技术部的 PC 无法互相访问。

[Huawei]acl 3000

[Huawei-acl-adv-3000]rule 5 deny ip source 192.168.1.0 0.0.0.255 destination 192.168.2.0 0.0.0.255 //规则 5 拒绝源 IP 地址 192.168.1.0 网段的主机访问目的地址为 192.168.2.0 网段的数据包

[Huawei-acl-adv-3000]qu

[Huawei]int g0/0/0

[Huawei-GigabitEthernet0/0/0]traffic-filter inbound acl 3000 //在 g0/0/0 的入口方向上引用 ACL 3000 策略

在上面配置完成以后，实际上 PC1 和 PC2 已经是不能互相访问了，但是还不能做到绝对安全，因为我们将源地址为 192.168.1.0、目的地址为 192.168.2.0 的数据包拒绝在了路由器的 g0/0/0 端口上，这实际上仅仅能避免 PC1 去访问 PC2，但 PC2 还是能访问 PC1 的。我们可以在 PC1 的网络端口上面进行抓包，并使用 PC2 去访问 PC1，分析抓包情况。

通过分析抓包结果可以知道，PC2 去访问 PC1，PC1 是能够接收并回复 PC2 的请求数据包的，之所以在命令提示符中显示请求超时，原因是 PC1 发送的回复数据包在路由器的 g0/0/0 端口被 ACL 拦住了，如图 4-13 所示。因此，我们为了保障更加彻底的安全性，还需要再编写一条 ACL，拒绝源地址 192.168.2.0 去访问目的地址 192.168.1.0 的数据包，并引用在路由器 g0/0/1 端口的入口方向。

No.	Time	Source	Destination	Protocol	Length	Info
12	24.500…	HuaweiTe_4e:2c…	Spanning-tree-(fo…	STP	119	MST. Root = 32768/0/4c:1f:cc:4e:2c:ab Cost = 0 Por
13	26.735…	HuaweiTe_4e:2c…	Spanning-tree-(fo…	STP	119	MST. Root = 32768/0/4c:1f:cc:4e:2c:ab Cost = 0 Por
14	27.110…	192.168.2.1	192.168.1.1	ICMP	74	Echo (ping) request id=0x5a74, seq=1/256, ttl=127 (
15	27.110…	HuaweiTe_14:44…	Broadcast	ARP	60	Who has 192.168.1.254? Tell 192.168.1.1
16	28.110…	HuaweiTe_af:6b…	HuaweiTe_14:44:3d	ARP	60	192.168.1.254 is at 00:e0:fc:af:6b:04
17	28.985…	HuaweiTe_4e:2c…	Spanning-tree-(fo…	STP	119	MST. Root = 32768/0/4c:1f:cc:4e:2c:ab Cost = 0 Por
18	29.110…	192.168.2.1	192.168.1.1	ICMP	74	Echo (ping) request id=0x5c74, seq=2/512, ttl=127 (
19	29.110…	192.168.1.1	192.168.2.1	ICMP	74	Echo (ping) reply id=0x5c74, seq=2/512, ttl=128 (
20	31.094…	192.168.2.1	192.168.1.1	ICMP	74	Echo (ping) request id=0x5e74, seq=3/768, ttl=127 (
21	31.094…	192.168.1.1	192.168.2.1	ICMP	74	Echo (ping) reply id=0x5e74, seq=3/768, ttl=128 (
22	31.360…	HuaweiTe_4e:2c…	Spanning-tree-(fo…	STP	119	MST. Root = 32768/0/4c:1f:cc:4e:2c:ab Cost = 0 Por
23	33.110…	192.168.2.1	192.168.1.1	ICMP	74	Echo (ping) request id=0x6074, seq=4/1024, ttl=127
24	33.110…	192.168.1.1	192.168.2.1	ICMP	74	Echo (ping) reply id=0x6074, seq=4/1024, ttl=128
25	33.500…	HuaweiTe_4e:2c…	Spanning-tree-(fo…	STP	119	MST. Root = 32768/0/4c:1f:cc:4e:2c:ab Cost = 0 Por
26	35.094…	192.168.2.1	192.168.1.1	ICMP	74	Echo (ping) request id=0x6274, seq=5/1280, ttl=127
27	35.094…	192.168.1.1	192.168.2.1	ICMP	74	Echo (ping) reply id=0x6274, seq=5/1280, ttl=128
28	35.750…	HuaweiTe_4e:2c…	Spanning-tree-(fo…	STP	119	MST. Root = 32768/0/4c:1f:cc:4e:2c:ab Cost = 0 Por

图 4-13　抓包分析 4

[Huawei]acl 3001

[Huawei-acl-adv-3001]rule 5 deny ip source 192.168.2.0 0.0.0.255 destination 192.168.1.0 0.0.0.255 //规则 5 拒绝源 IP 地址为 192.168.2.0 网段的主机访问目的地址为 192.168.1.0 网段的数据包

[Huawei-acl-adv-3001]qu

[Huawei]int g0/0/1

[Huawei-GigabitEthernet0/0/1]traffic-filter inbound acl 3001 //在 g0/0/1 的入口方向上引用 ACL 3001 策略

实验验证

(1) 查看 PC1 和 PC2 能否进行通信。

执行 ping 命令，从图 4-14 可以看到，ACL 起到作用，拦截住了数据包，导致 PC1 无法和 PC2 进行通信。

```
PC>ping 192.168.1.1

Ping 192.168.1.1: 32 data bytes, Press Ctrl_C to break
Request timeout!
Request timeout!
Request timeout!
Request timeout!
Request timeout!
```

图 4-14 连通性测试 4

查看 PC1 和 PC2 能否与 PC3 通信。

执行 ping 命令，从图 4-15 可以看到，PC2 去访问互联网 PC 是完全不受影响的。

```
PC>ping 10.10.10.10

Ping 10.10.10.10: 32 data bytes, Press Ctrl_C to break
Request timeout!
From 10.10.10.10: bytes=32 seq=2 ttl=127 time=31 ms
From 10.10.10.10: bytes=32 seq=3 ttl=127 time=31 ms
From 10.10.10.10: bytes=32 seq=4 ttl=127 time=47 ms
From 10.10.10.10: bytes=32 seq=5 ttl=127 time=31 ms

--- 10.10.10.10 ping statistics ---
  5 packet(s) transmitted
  4 packet(s) received
  20.00% packet loss
  round-trip min/avg/max = 0/35/47 ms
```

图 4-15 连通性测试 5

任务评价表

<table>
<tr><th>序号</th><th>任务考核点名称</th><th>任务考核指标</th><th>自我评价
（0～10 分）</th><th>教师评价
（0～10 分）</th></tr>
<tr><td>1</td><td>ACL 访问控制列表基础</td><td>能够理解 ACL 访问控制列表技术产生的背景和解决什么问题</td><td></td><td></td></tr>
<tr><td>2</td><td>基础 ACL 和高级 ACL</td><td>能够理解基础 ACL 和高级 ACL 之间的区别</td><td></td><td></td></tr>
<tr><td>3</td><td>入口方向与出口方向</td><td>能够理解引用 ACL 的入口方向和出口方向的区别</td><td></td><td></td></tr>
<tr><td>4</td><td>实验配置</td><td>能够在 45 分钟之内配置完成实验</td><td></td><td></td></tr>
<tr><td colspan="5">本次任务总结：</td></tr>
</table>

4.5.2 子任务二:基于 ACL 的公司内部访问控制实训

实验工单卡

<table>
<tr><td>实训名称</td><td></td><td>推荐工时</td><td>45 分钟</td></tr>
<tr><td>日期</td><td></td><td>地点</td><td></td></tr>
<tr><td>指导老师</td><td></td><td>实训成绩</td><td></td></tr>
<tr><td>学生姓名</td><td></td><td>班级</td><td></td></tr>
<tr><td colspan="4">实训目的：</td></tr>
<tr><td colspan="4">拓扑设计：</td></tr>
<tr><td colspan="4">设备配置关键命令：</td></tr>
<tr><td colspan="4">实训结果：</td></tr>
</table>

背景描述

公司需对技术部和财务部两个部门进行隔离，财务部有一台服务器，技术部使用 VLAN 10，财务部使用 VLAN 20。由于业务发展，需要实现以下需求。

需求 1：除了财务部服务器以外的所有 PC 均需访问互联网。

需求 2：由于财务部服务器属于内部服务器，仅财务部 PC 能够访问，因此需要做访问控制策略，只允许财务部 PC 能够访问财务部服务器。

需求 3：财务部服务器无法访问互联网。

注意，交换机与路由器之间相连的接口配置成 Access 即可。

绘制图 4-16 所示的拓扑图，使用路由器 AR2220 及交换机 S5700。

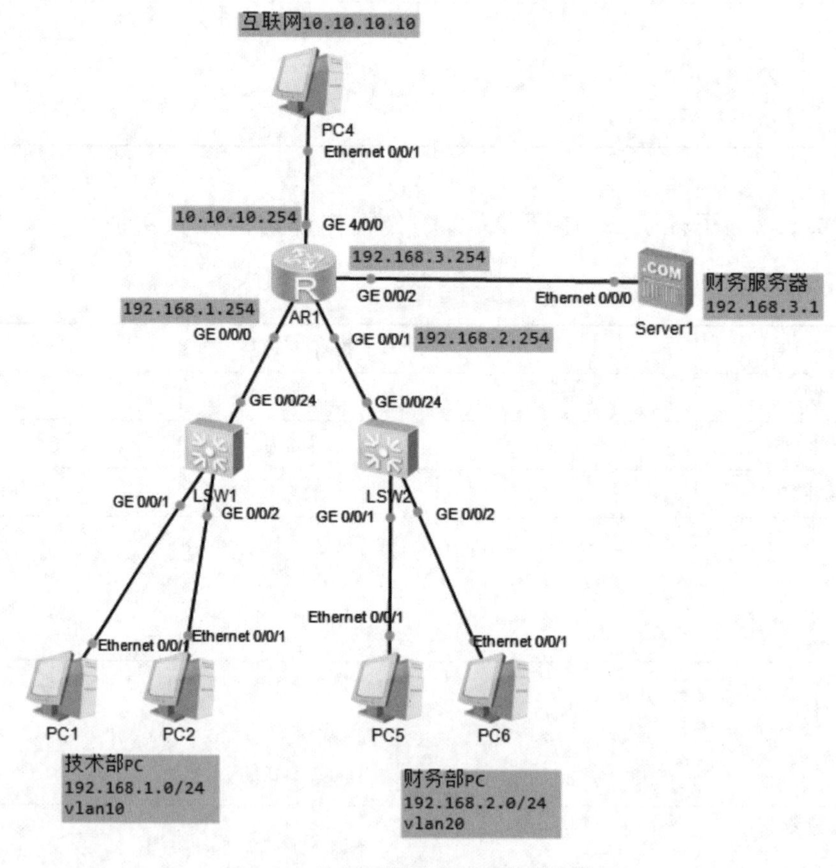

图 4-16　访问控制列表组网实验拓扑图

注意，在创建路由器的时候，路由器默认端口不够，需要增加板卡来扩展端口。方法是在路由器关闭状态下，右键单击路由器→设置，将名为 4GEW-T 的板卡拖入上方，如图 4-17 所示。

添加好板卡后关闭，并启动该路由器，在连线的时候就可以看到该板卡所扩展的端口。

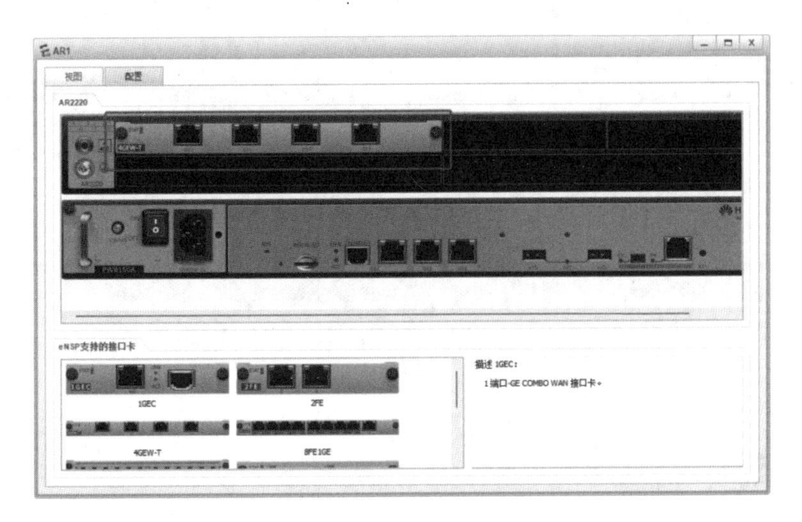

图 4-17　路由器添加板卡

配置步骤

(1) 配置路由器的端口 IP 地址。

R1 配置：

```
<Huawei>sys
[Huawei]int g0/0/0
[Huawei-GigabitEthernet0/0/0]ip add 192.168.1.254 24
[Huawei-GigabitEthernet0/0/0]int g0/0/1
[Huawei-GigabitEthernet0/0/1]ip add 192.168.2.254 24
[Huawei-GigabitEthernet0/0/1]int g0/0/2
[Huawei-GigabitEthernet0/0/2]ip add 192.168.3.254 24
[Huawei-GigabitEthernet0/0/2]int g4/0/0
[Huawei-GigabitEthernet4/0/0]ip add 10.10.10.254 24
[Huawei-GigabitEthernet4/0/0]qu
```

PC 配置：

PC1、PC2、PC5、PC6、Server1、PC4 的 IP 地址配置分别如图 4-18～图 4-23 所示。

(2) 交换机 VLAN 配置。

SW1：

```
<Huawei>sys
[Huawei]vlan 10
[Huawei-vlan10]qu
[Huawei]port-group group-member g0/0/1 g0/0/2
[Huawei-port-group]port link-type access
```

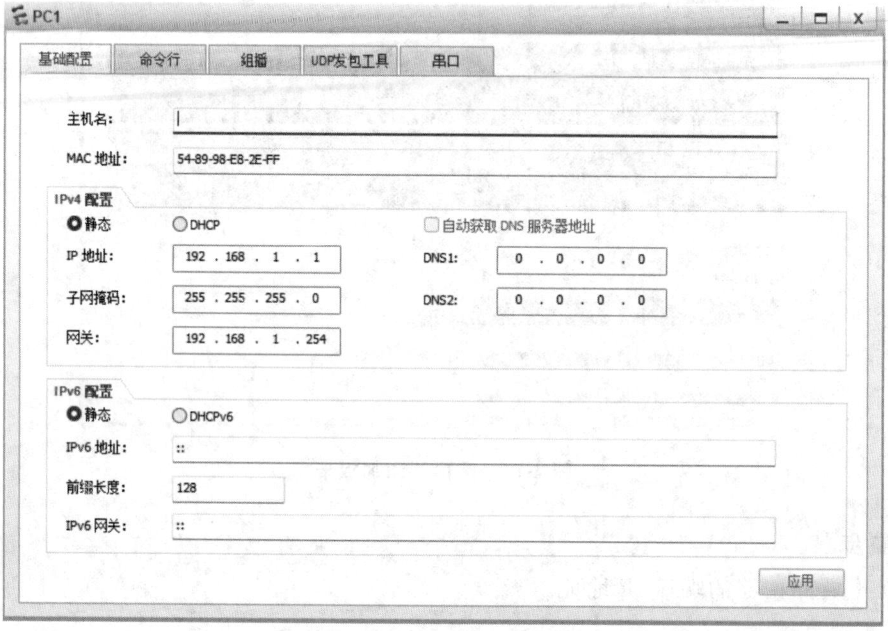

PC1

基础配置　命令行　组播　UDP发包工具　串口

主机名：

MAC 地址：54-89-98-E8-2E-FF

IPv4 配置

静态　DHCP　自动获取 DNS 服务器地址

IP 地址：192 . 168 . 1 . 1　DNS1：0 . 0 . 0 . 0

子网掩码：255 . 255 . 255 . 0　DNS2：0 . 0 . 0 . 0

网关：192 . 168 . 1 . 254

IPv6 配置

静态　DHCPv6

IPv6 地址：::

前缀长度：128

IPv6 网关：::

应用

图 4-18　PC1 的 IP 地址配置 2

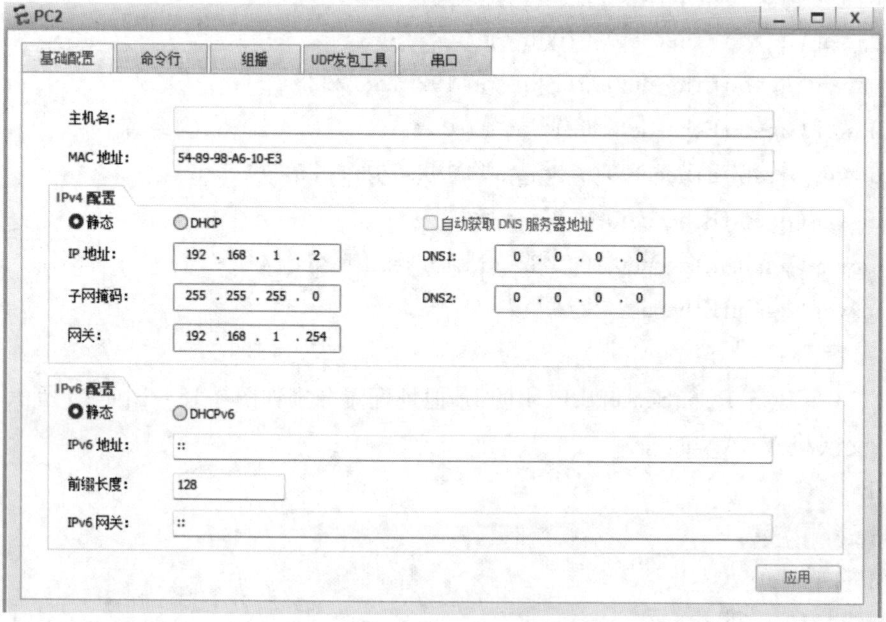

PC2

基础配置　命令行　组播　UDP发包工具　串口

主机名：

MAC 地址：54-89-98-A6-10-E3

IPv4 配置

静态　DHCP　自动获取 DNS 服务器地址

IP 地址：192 . 168 . 1 . 2　DNS1：0 . 0 . 0 . 0

子网掩码：255 . 255 . 255 . 0　DNS2：0 . 0 . 0 . 0

网关：192 . 168 . 1 . 254

IPv6 配置

静态　DHCPv6

IPv6 地址：::

前缀长度：128

IPv6 网关：::

应用

图 4-19　PC2 的 IP 地址配置 2

PC5

基础配置 | 命令行 | 组播 | UDP发包工具 | 串口

主机名：

MAC 地址：54-89-98-FF-3B-84

IPv4 配置

静态　DHCP　自动获取 DNS 服务器地址

IP 地址：192 . 168 . 2 . 1　DNS1：0 . 0 . 0 . 0

子网掩码：255 . 255 . 255 . 0　DNS2：0 . 0 . 0 . 0

网关：192 . 168 . 2 . 254

IPv6 配置

静态　DHCPv6

IPv6 地址：::

前缀长度：128

IPv6 网关：::

应用

图 4-20　PC5 的 IP 地址配置

PC6

基础配置 | 命令行 | 组播 | UDP发包工具 | 串口

主机名：

MAC 地址：54-89-98-BC-28-28

IPv4 配置

静态　DHCP　自动获取 DNS 服务器地址

IP 地址：192 . 168 . 2 . 2　DNS1：0 . 0 . 0 . 0

子网掩码：255 . 255 . 255 . 0　DNS2：0 . 0 . 0 . 0

网关：192 . 168 . 2 . 254

IPv6 配置

静态　DHCPv6

IPv6 地址：::

前缀长度：128

IPv6 网关：::

应用

图 4-21　PC6 的 IP 地址配置

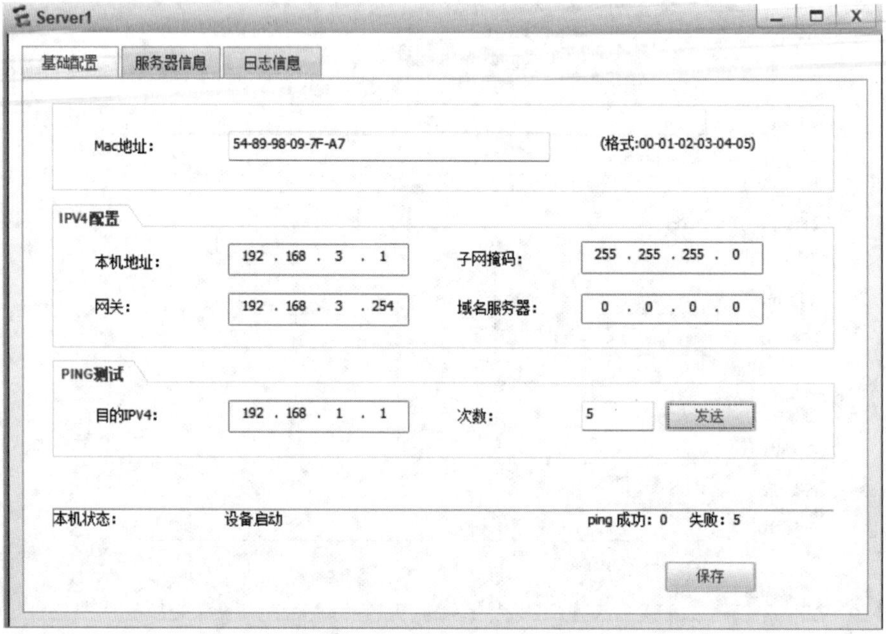

Server1

基础配置　服务器信息　日志信息

Mac地址：54-89-98-09-7F-A7　(格式:00-01-02-03-04-05)

IPV4配置

本机地址：192 . 168 . 3 . 1　子网掩码：255 . 255 . 255 . 0

网关：192 . 168 . 3 . 254　域名服务器：0 . 0 . 0 . 0

PING测试

目的IPV4：192 . 168 . 1 . 1　次数：5　发送

本机状态：设备启动　ping 成功：0　失败：5

保存

图 4-22　Server1 的 IP 地址配置 1

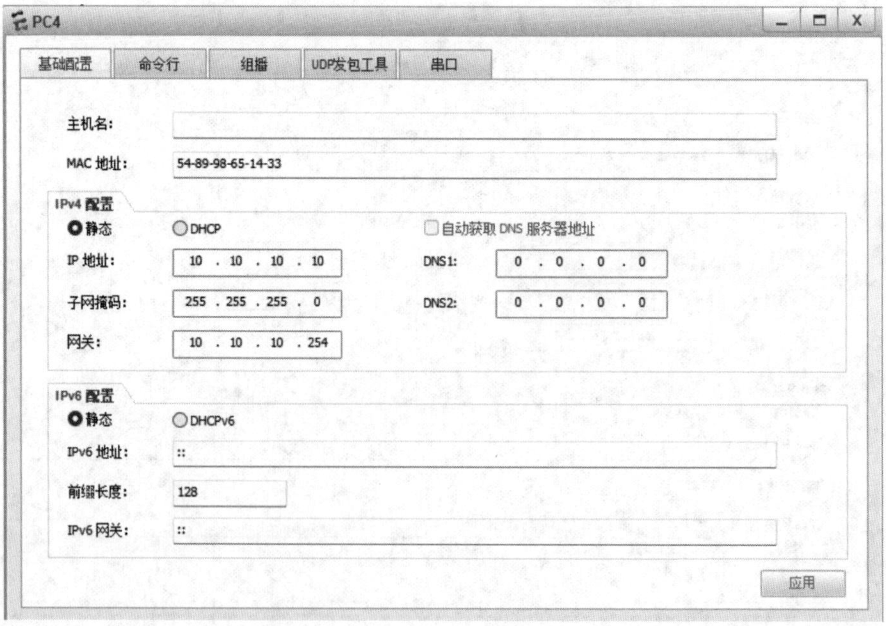

PC4

基础配置　命令行　组播　UDP发包工具　串口

主机名：

MAC 地址：54-89-98-65-14-33

IPv4 配置

静态　DHCP　自动获取 DNS 服务器地址

IP 地址：10 . 10 . 10 . 10　DNS1：0 . 0 . 0 . 0

子网掩码：255 . 255 . 255 . 0　DNS2：0 . 0 . 0 . 0

网关：10 . 10 . 10 . 254

IPv6 配置

静态　DHCPv6

IPv6 地址：::

前缀长度：128

IPv6 网关：::

应用

图 4-23　PC4 的 IP 地址配置

```
[Huawei-GigabitEthernet0/0/1]port link-type access
[Huawei-GigabitEthernet0/0/2]port link-type access
[Huawei-port-group]port default vlan 10
[Huawei-GigabitEthernet0/0/1]port default vlan 10
[Huawei-GigabitEthernet0/0/2]port default vlan 10
[Huawei-port-group]qu
[Huawei]int g0/0/24
[Huawei-GigabitEthernet0/0/24]port link-type access
[Huawei-GigabitEthernet0/0/24]port default vlan 10
[Huawei-GigabitEthernet0/0/24]qu
```

SW2：

```
<Huawei>sys
[Huawei]vlan 20
[Huawei-vlan20]qu
[Huawei]port-group group-member g0/0/1 g0/0/2 g0/0/24
[Huawei-port-group]port link-type access
[Huawei-GigabitEthernet0/0/1]port link-type access
[Huawei-GigabitEthernet0/0/2]port link-type access
[Huawei-GigabitEthernet0/0/24]port link-type access
[Huawei-port-group]port default vlan 20
[Huawei-GigabitEthernet0/0/1]port default vlan 20
[Huawei-GigabitEthernet0/0/2]port default vlan 20
[Huawei-GigabitEthernet0/0/24]port default vlan 20
```

需求 1 配置:在路由器上制作 ACL 访问控制规则并在相应端口上引用。

```
[Huawei]acl 3000  //创建高级 ACL 访问控制列表 3000
[Huawei-acl-adv-3000]rule 5 deny ip source 192.168.3.0 0.0.0.255 destination 10.10.10.0 0.0.0.255  //规则 5 拒绝源 IP 地址 192.168.3.0、访问目的地址 10.10.10.0 的访问请求
[Huawei-acl-adv-3000]qu
[Huawei]int g0/0/2
[Huawei-GigabitEthernet0/0/2]traffic-filter inbound acl 3000  //在 g0/0/2 端口的入口方向上引用 ACL 3000 的规则
[Huawei-GigabitEthernet0/0/2]qu
```

需求 2 配置：

```
[Huawei]acl 3001
```

[Huawei-acl-adv-3001]rule 5 deny ip source 192.168.1.0 0.0.0.255 destination 192.168.3.0 0.0.0.255 //规则 10 拒绝源地址 192.168.1.0、访问目的地址 192.168.3.0 的访问请求

[Huawei-acl-adv-3001]int g0/0/0

[Huawei-GigabitEthernet0/0/0]traffic-filter inbound acl 3001 //在 g0/0/0 端口的入口方向上引用 ACL 3001 规则

实验验证

(1) 查看技术部和财务部 PC 以及财务部服务器能否访问互联网。

命令:ping

从图 4-24～图 4-26 可以看出,技术部和财务部的 PC 均能够访问互联网、财务部服务器不能访问。

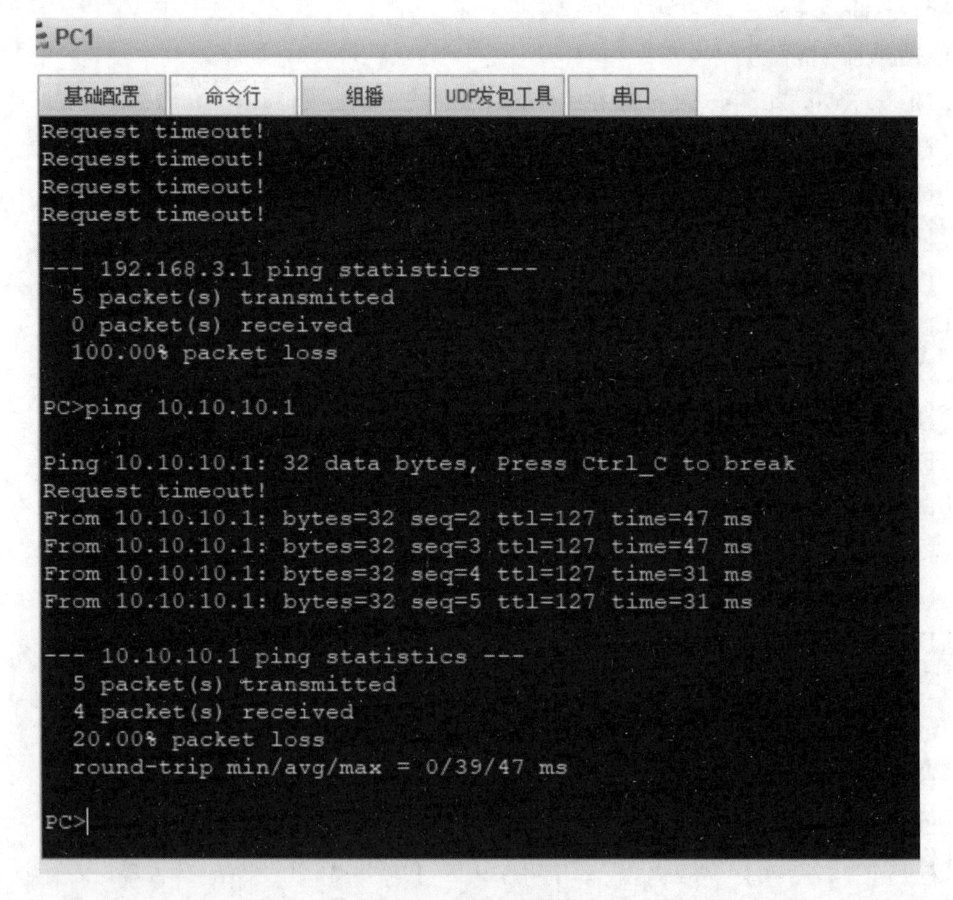

图 4-24　连通性测试 6

(2) 查看技术部 PC 能否与财务服务器通信。

执行 ping 命令,从图 4-27 可以看出,技术部 PC 无法访问财务部服务器。

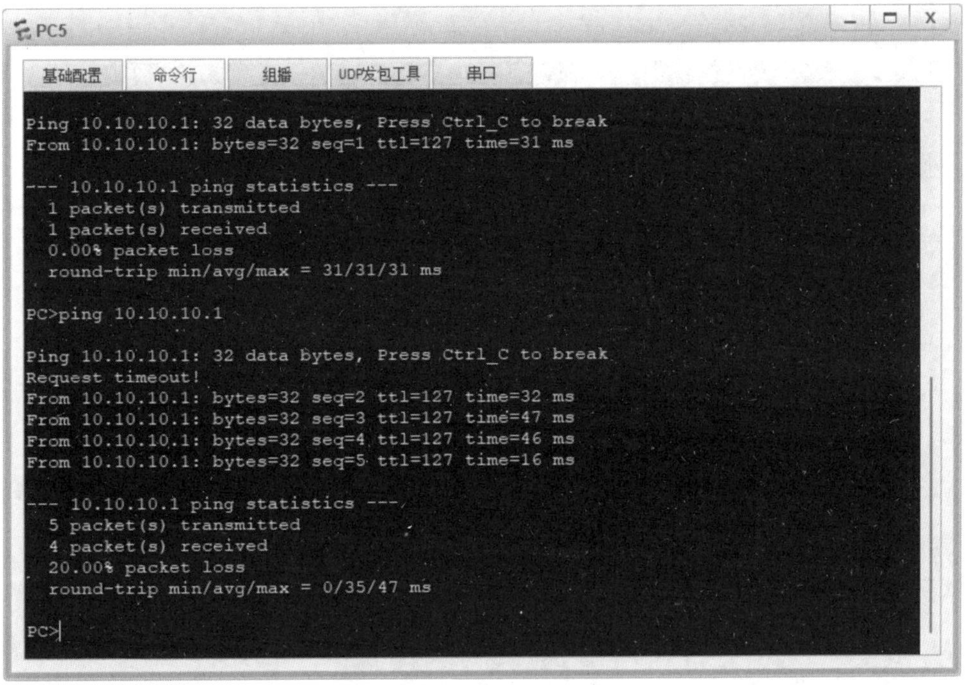

PC5

基础配置 | 命令行 | 组播 | UDP发包工具 | 串口

```
Ping 10.10.10.1: 32 data bytes, Press Ctrl_C to break
From 10.10.10.1: bytes=32 seq=1 ttl=127 time=31 ms

--- 10.10.10.1 ping statistics ---
  1 packet(s) transmitted
  1 packet(s) received
  0.00% packet loss
  round-trip min/avg/max = 31/31/31 ms

PC>ping 10.10.10.1

Ping 10.10.10.1: 32 data bytes, Press Ctrl_C to break
Request timeout!
From 10.10.10.1: bytes=32 seq=2 ttl=127 time=32 ms
From 10.10.10.1: bytes=32 seq=3 ttl=127 time=47 ms
From 10.10.10.1: bytes=32 seq=4 ttl=127 time=46 ms
From 10.10.10.1: bytes=32 seq=5 ttl=127 time=16 ms

--- 10.10.10.1 ping statistics ---
  5 packet(s) transmitted
  4 packet(s) received
  20.00% packet loss
  round-trip min/avg/max = 0/35/47 ms

PC>
```

图 4-25　连通性测试 7

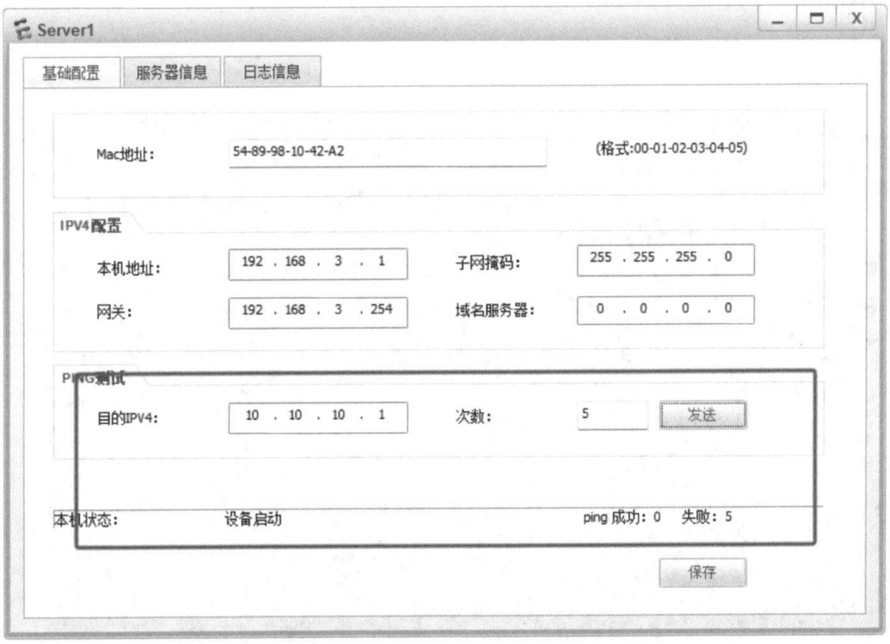

Server1

基础配置 | 服务器信息 | 日志信息

Mac地址：54-89-98-10-42-A2　(格式:00-01-02-03-04-05)

IPV4配置

本机地址：192 . 168 . 3 . 1　子网掩码：255 . 255 . 255 . 0

网关：192 . 168 . 3 . 254　域名服务器：0 . 0 . 0 . 0

PING测试

目的IPV4：10 . 10 . 10 . 1　次数：5　发送

本机状态：设备启动　ping 成功：0　失败：5

保存

图 4-26　Server1 的 IP 地址配置 2

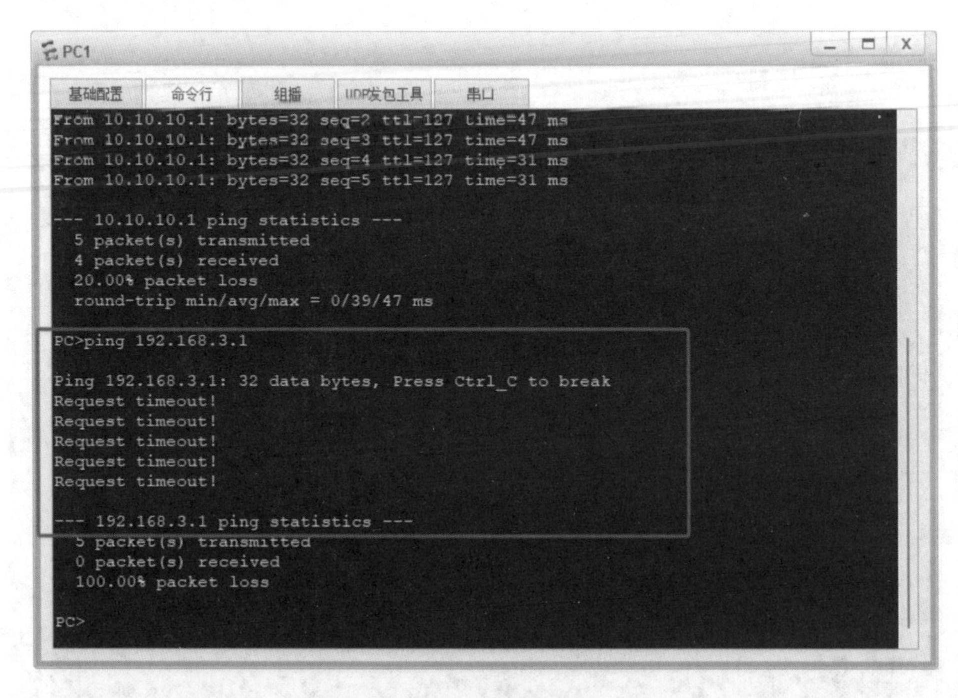

图 4-27 连通性测试 8

(3) 查看财务部 PC 能否与财务部服务器通信。

执行 ping 命令，从图 4-28 可以看出，财务部 PC 能够和财务部服务器进行通信。

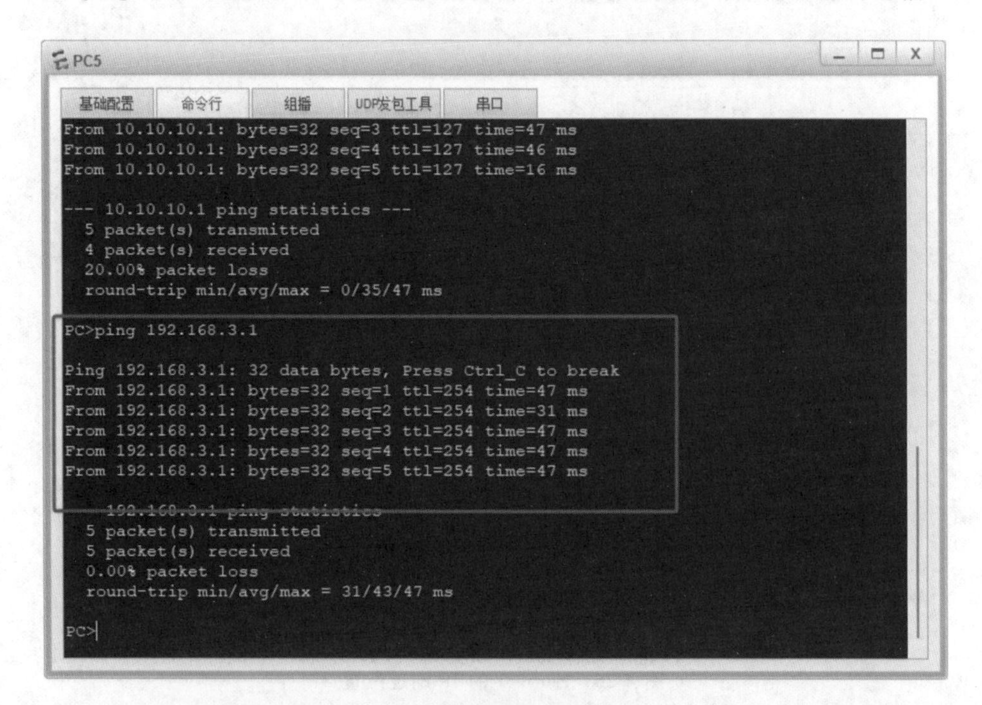

图 4-28 连通性测试 9

任务评价表

序号	任务考核点名称	任务考核指标	自我评价（0～10分）	教师评价（0～10分）
1	ACL访问控制列表基础	能够理解ACL访问控制列表技术产生的背景和解决什么问题		
2	基础ACL和高级ACL	能够理解基础ACL和高级ACL之间的区别		
3	入口方向与出口方向	能够理解引用ACL的入口方向和出口方向的区别		
4	实验配置	能够在45分钟之内配置完成实验		
本次任务总结：				

4.6 任务四：防火墙综合实验

实验工单卡

实训名称		推荐工时	90分钟
日期		地点	
指导老师		实训成绩	
学生姓名		班级	
实训目的：			
拓扑设计：			

续表

设备配置关键命令：
实训结果：

本任务知识点

防火墙作为内网安全的第一道防线，对提升内部网络安全起着至关重要的作用。在本任务中，你将学习到如何配置防火墙的相关命令。通过对这些命令的学习，你可以了解到防火墙的相关术语。例如，

（1）Trust 区域：信任区域，一般为内部网络区域。

（2）Untrust 区域：非信任区域，一般为外部网络区域。

（3）DMZ 区域：隔离区，我们希望我们的网络永远都是安全的，不受外界攻击，因此把网络隔离起来是最好的办法，但是有的时候我们必须要对外界提供互联网服务，如门户网站、数据库等。因此，我们单独划分了一个 DMZ 区域，将这部分的服务器放置在这个区域内，与内部网络隔离开，外部网络访问该区域的流量不经过内部核心区域，提升内部网络安全。

在 eNSP 中创建图 4-29 所示的拓扑图，使用防火墙 usg6000 及路由器 AR2220、交换机 S5700。

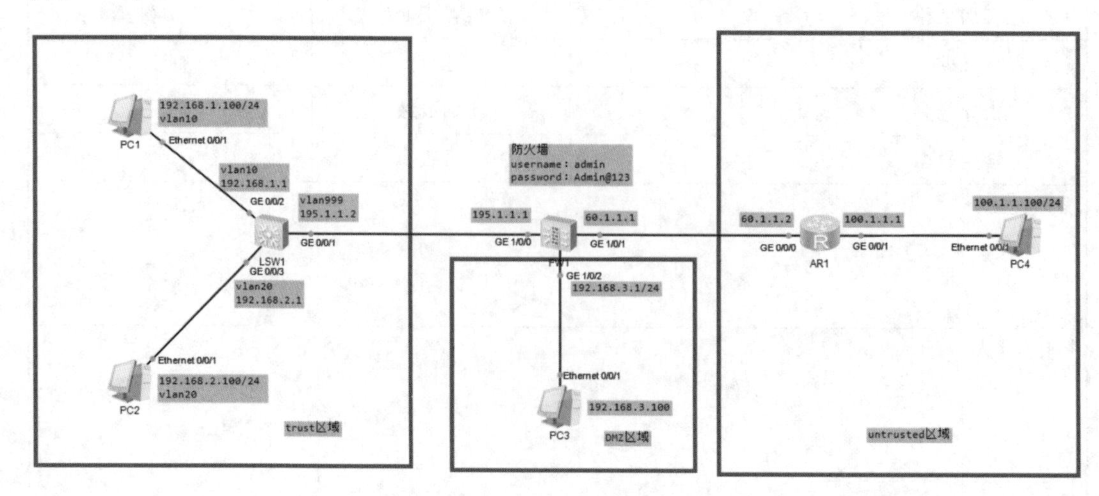

图 4-29　防火墙综合实验拓扑图

本次实验为防火墙综合实验，通过防火墙为网络划分三个区域：Trust 区域、Untrust 区域、DMZ 区域。通过配置实现以下需求。

需求 1：防火墙三个端口分别归属不同的安全区域。

需求 2：通过配置 easy IP 实现内部主机访问 AR1。

需求 3：防火墙配置安全策略，使 PC1 和 PC2 可以访问处于 DMZ 区域的 PC3。

需求 4：防火墙配置安全策略，使 PC4 可以访问 PC3。

需求 5：配置安全策略以后，管理员通过 ping 60.1.1.1 命令发现不能通信，原因是什么？如何解决？并且 Untrust 区域的主机访问防火墙的外部接口时，把数据包转给内部服务器，实现服务器的安全隔离。

实验步骤

配置各设备的 IP 地址。

交换机配置：

```
<Huawei>sys                                              //进入系统视图
[Huawei]vlan batch 10 20 999                             //创建 VLAN 10、VLAN 20、VLAN 999
[Huawei]int g0/0/2                                       //进入 g0/0/2 端口
[Huawei-GigabitEthernet0/0/2]port link-type access       //设置该端口为 Access 模式
[Huawei-GigabitEthernet0/0/2]port default vlan 10        //将该端口划分进 VLAN 10
[Huawei-GigabitEthernet0/0/2]int g0/0/3                  //进入 g0/0/3 端口
[Huawei-GigabitEthernet0/0/3]port link-type access       //设置该端口为 Access 模式
[Huawei-GigabitEthernet0/0/3]port default vlan 20        //将该端口划分进 VLAN 20
[Huawei-GigabitEthernet0/0/3]int g0/0/1                  //进入 g0/0/1 端口
[Huawei-GigabitEthernet0/0/1]port link-type access       //设置该端口为 Access 模式
[Huawei-GigabitEthernet0/0/1]port default vlan 999       //将该端口划分进 VLAN 999
[Huawei-GigabitEthernet0/0/1]qu                          //退出
[Huawei]int Vlanif 10                                    //进入 VLAN interface 端口
[Huawei-Vlanif10]ip add 192.168.1.1 24                   //配置 IP 地址
[Huawei-Vlanif10]int vlanif 20                           //进入 VLAN interface 20 端口
[Huawei-Vlanif20]ip add 192.168.2.1 24                   //配置 IP 地址
[Huawei-Vlanif20]int vlanif 999                          //进入 VLAN interface 999 端口
[Huawei-Vlanif999]ip add 195.1.1.2 24                    //配置 IP 地址
[Huawei-Vlanif999]qu                                     //退出
[Huawei]ip route-static 0.0.0.0 0 195.1.1.1              //配置默认路由指向防火墙
```

路由器配置：

```
<Huawei>sys
[Huawei]int g0/0/0                                //进入 g0/0/0 端口
[Huawei-GigabitEthernet0/0/0]ip add 60.1.1.2 24   //配置 IP 地址
[Huawei-GigabitEthernet0/0/0]int g0/0/1           //进入 g0/0/0 端口
[Huawei-GigabitEthernet0/0/1]ip add 100.1.1.1 24  //配置 IP 地址
[Huawei]ip route-static 0.0.0.0 0 60.1.1.1        //配置路由器默认路由指向防火墙
```

防火墙配置：

在登录防火墙的时候，我们需要使用默认登录账户名进行登录。

username：admin

password：Admin@123

登录后，华为防火墙会提示我们修改密码，这里输入 y，然后根据提示，先输入一次旧密码 Admin@123，再输入新密码并确认(请牢记修改的密码，否则将导致防火墙无法登录)，如图 4-30 所示。

```
Username:admin
Password:
The password needs to be changed. Change now? [Y/N]: y
Please enter old password:
Please enter new password:
Please confirm new password:
```

图 4-30　登录防火墙

```
<USG6000V1>sys
[USG6000V1]int g1/0/0                                               //进入 g1/0/0 端口
[USG6000V1-GigabitEthernet1/0/0]ip add 195.1.1.1 24                 //配置 IP 地址
[USG6000V1-GigabitEthernet1/0/0]int g1/0/1                          //进入 g1/0/1 端口
[USG6000V1-GigabitEthernet1/0/1]ip add 60.1.1.1 24                  //配置 IP 地址
[USG6000V1-GigabitEthernet1/0/1]int g1/0/2                          //进入 g1/0/2 端口
[USG6000V1-GigabitEthernet1/0/2]ip add 192.168.3.1 24               //配置 IP 地址
[USG6000V1-GigabitEthernet1/0/2]qu                                  //退出
[USG6000V1]ip route-static 0.0.0.0 0 60.1.1.2                       //配置默认路由
[USG6000V1]ip route-static 192.168.1.0 255.255.255.0 195.1.1.2      //配置回指路由
[USG6000V1]ip route-static 192.168.2.0 255.255.255.0 195.1.1.2      //配置回指路由
```

需求1:防火墙三个端口分别归属不同的安全区域配置步骤。

```
[USG6000V1]firewall zone trust                        //进入 Trust 区域
[USG6000V1-zone-trust]add interface g1/0/0            //添加端口进该区域
[USG6000V1-zone-trust]qu
[USG6000V1]firewall zone dmz                          //进入 DMZ 区域
[USG6000V1-zone-dmz]add int g1/0/2                    //添加端口进该区域
[USG6000V1-zone-dmz]qu
[USG6000V1]firewall zone untrust                      //进入 Untrust 区域
[USG6000V1-zone-untrust]add int g1/0/1                //添加端口进该区域
[USG6000V1-zone-untrust]qu
```

输入 display zone interface 查看配置。

从图 4-31 可以看到,相关端口已经配置进相应区域。

```
<USG6000V1>display zone interface
2024-05-09 07:29:33.390
local
 interface of the zone is (0):
#
trust
 interface of the zone is (2):
    GigabitEthernet0/0/0
    GigabitEthernet1/0/0
#
untrust
 interface of the zone is (1):
    GigabitEthernet1/0/1
#
dmz
 interface of the zone is (1):
    GigabitEthernet1/0/2
#
```

图 4-31　查看接口分配区域

需求2:通过配置 easy IP 实现内部主机访问 AR1 配置步骤。

```
[USG6000V1]security-policy                                          //进入安全策略
[USG6000V1-policy-security]rule name permit                         //定义一个 permit 安全策略
[USG6000V1-policy-security-rule-permit]source-zone trust            //源区域是 Trust 区域
[USG6000V1-policy-security-rule-permit]destination-zone untrust     //目的区域是 Untrust 区域
[USG6000V1-policy-security-rule-permit]source-address 192.168.1.0 mask 255.255.255.0    //添加源地址网段
```

```
[USG6000V1-policy-security-rule-permit]source-address 192.168.2.0 mask 255.255.255.0    //添加源地址网段
[USG6000V1-policy-security-rule-permit]action permit    //规则允许
[USG6000V1-policy-security-rule-permit]qu
[USG6000V1-policy-security]qu
[USG6000V1]nat-policy    //进入 Nat 策略
[USG6000V1-policy-nat]rule name nat    //添加一条叫 Nat 的策略
[USG6000V1-policy-nat-rule-nat]source-zone trust    //源地址选择 Trust 区域
[USG6000V1-policy-nat-rule-nat]source-address 192.168.1.0 mask 255.255.255.0    //添加源地址网段
[USG6000V1-policy-nat-rule-nat]source-address 192.168.2.0 mask 255.255.255.0    //添加源地址网段
[USG6000V1-policy-nat-rule-nat]egress-interface g1/0/1    //规定转发端口为 g1/0/1
[USG6000V1-policy-nat-rule-nat]action source-nat easy-ip    //设置允许转发
[USG6000V1-policy-nat-rule-nat]qu
[USG6000V1-policy-nat]qu
```

通过 ping 命令验证 PC1 和 PC2 访问路由器 AR1 的 g0/0/0 端口。

从图 4-32、图 4-33 可以看到，PC1 和 PC2 已经能够成功访问路由器的 60.1.1.2 端口。

需求 3：防火墙配置安全策略，使 PC1 和 PC2 可以访问处于 DMZ 区域的 PC3 配置步骤。

```
[USG6000V1]security-policy    //进入安全策略
[USG6000V1-policy-security]rule name dmz    //定义一条策略为 dmz
[USG6000V1-policy-security-rule-dmz]source-zone trust    //源区域为 Trust 区域
[USG6000V1-policy-security-rule-dmz]destination-zone dmz    //目的区域为 DMZ 区域
[USG6000V1-policy-security-rule-dmz]source-address 192.168.1.0 mask 255.255.255.0    //添加源地址网段
[USG6000V1-policy-security-rule-dmz]source-address 192.168.2.0 mask 255.255.255.0    //添加源地址网段
[USG6000V1-policy-security-rule-dmz]destination-address 192.168.3.100 mask 255.255.255.255    //添加目的地址网段
[USG6000V1-policy-security-rule-dmz]action permit    //设置为允许
[USG6000V1-policy-security-rule-dmz]qu
[USG6000V1-policy-security]qu
```

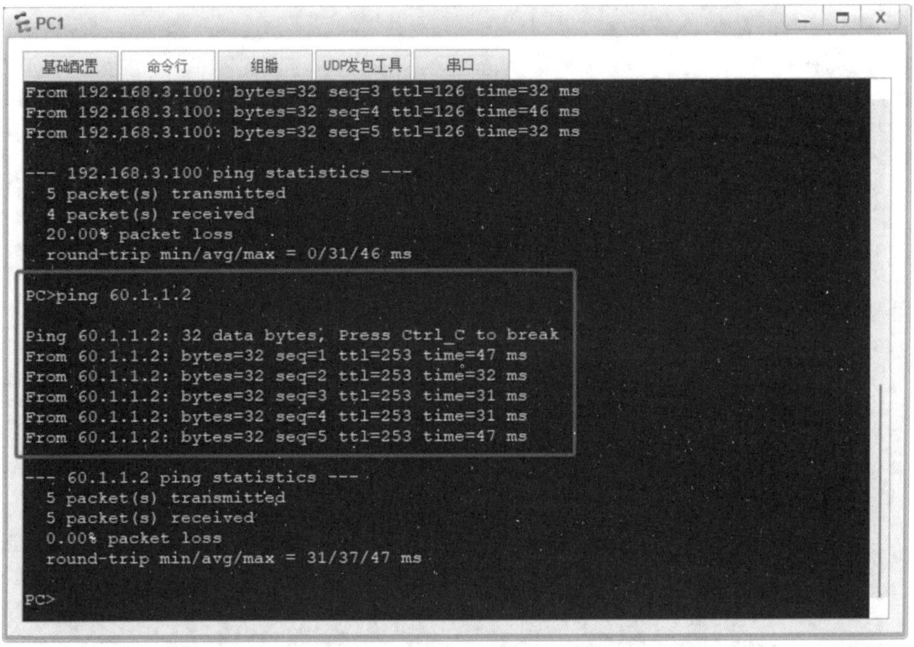

```
PC1
基础配置 命令行 组播 UDP发包工具 串口
From 192.168.3.100: bytes=32 seq=3 ttl=126 time=32 ms
From 192.168.3.100: bytes=32 seq=4 ttl=126 time=46 ms
From 192.168.3.100: bytes=32 seq=5 ttl=126 time=32 ms

--- 192.168.3.100 ping statistics ---
  5 packet(s) transmitted
  4 packet(s) received
  20.00% packet loss
  round-trip min/avg/max = 0/31/46 ms

PC>ping 60.1.1.2

Ping 60.1.1.2: 32 data bytes, Press Ctrl_C to break
From 60.1.1.2: bytes=32 seq=1 ttl=253 time=47 ms
From 60.1.1.2: bytes=32 seq=2 ttl=253 time=32 ms
From 60.1.1.2: bytes=32 seq=3 ttl=253 time=31 ms
From 60.1.1.2: bytes=32 seq=4 ttl=253 time=31 ms
From 60.1.1.2: bytes=32 seq=5 ttl=253 time=47 ms

--- 60.1.1.2 ping statistics ---
  5 packet(s) transmitted
  5 packet(s) received
  0.00% packet loss
  round-trip min/avg/max = 31/37/47 ms

PC>
```

图 4-32　连通性测试 10

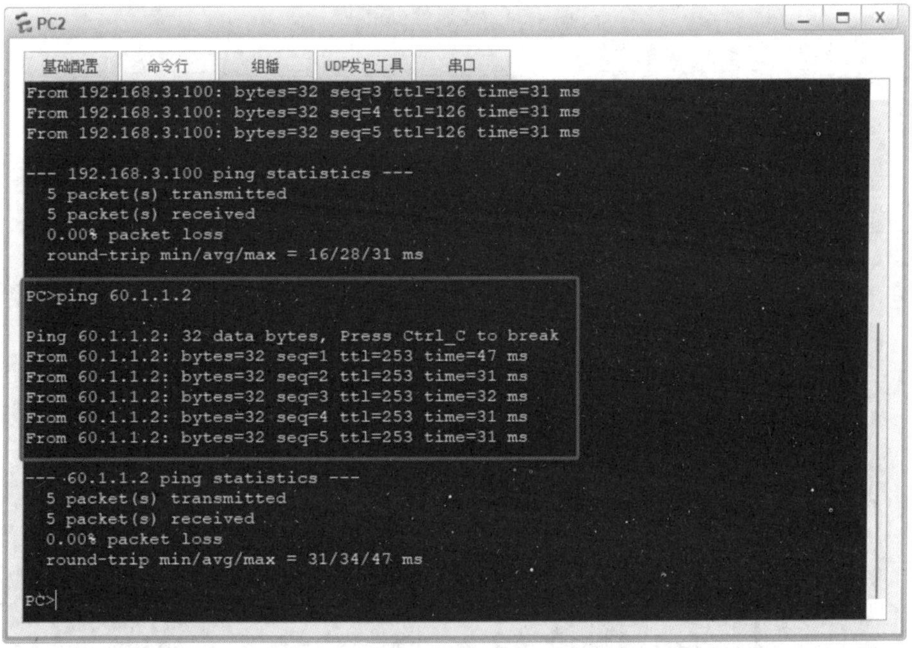

```
PC2
基础配置 命令行 组播 UDP发包工具 串口
From 192.168.3.100: bytes=32 seq=3 ttl=126 time=31 ms
From 192.168.3.100: bytes=32 seq=4 ttl=126 time=31 ms
From 192.168.3.100: bytes=32 seq=5 ttl=126 time=31 ms

--- 192.168.3.100 ping statistics ---
  5 packet(s) transmitted
  5 packet(s) received
  0.00% packet loss
  round-trip min/avg/max = 16/28/31 ms

PC>ping 60.1.1.2

Ping 60.1.1.2: 32 data bytes, Press Ctrl_C to break
From 60.1.1.2: bytes=32 seq=1 ttl=253 time=47 ms
From 60.1.1.2: bytes=32 seq=2 ttl=253 time=31 ms
From 60.1.1.2: bytes=32 seq=3 ttl=253 time=32 ms
From 60.1.1.2: bytes=32 seq=4 ttl=253 time=31 ms
From 60.1.1.2: bytes=32 seq=5 ttl=253 time=31 ms

--- 60.1.1.2 ping statistics ---
  5 packet(s) transmitted
  5 packet(s) received
  0.00% packet loss
  round-trip min/avg/max = 31/34/47 ms

PC>
```

图 4-33　连通性测试 11

实验验证

通过 ping 命令验证 PC1 和 PC2 访问位于 DMZ 区域的 PC3。

从图 4-34、图 4-35 可以看到，PC1 和 PC2 已经能够成功访问位于 DMZ 区域的 PC3。

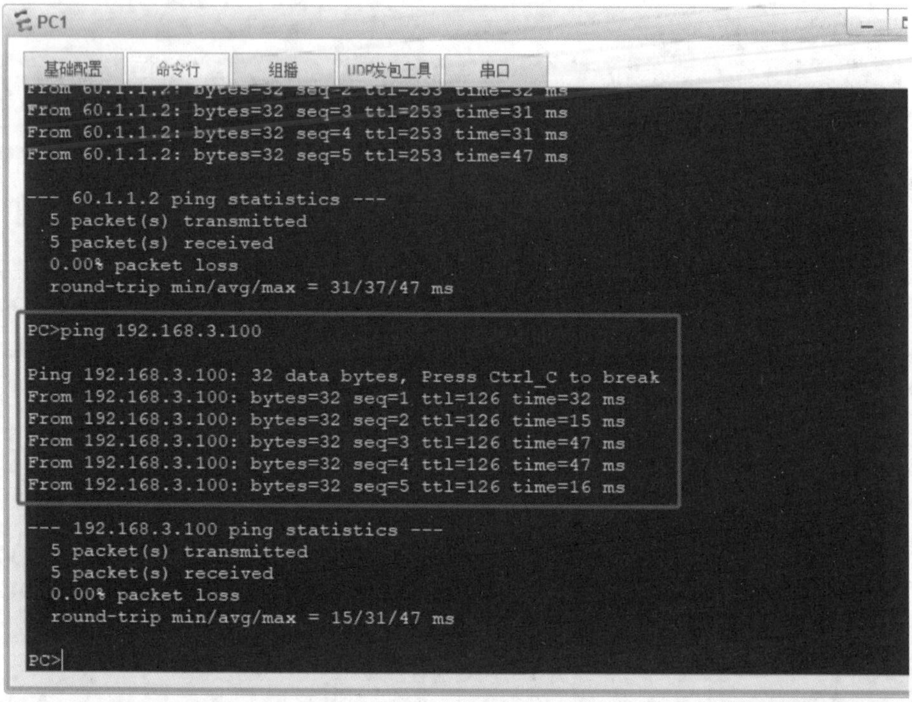

PC1

基础配置 命令行 组播 UDP发包工具 串口

```
From 60.1.1.2: bytes=32 seq=2 ttl=253 time=32 ms
From 60.1.1.2: bytes=32 seq=3 ttl=253 time=31 ms
From 60.1.1.2: bytes=32 seq=4 ttl=253 time=31 ms
From 60.1.1.2: bytes=32 seq=5 ttl=253 time=47 ms

--- 60.1.1.2 ping statistics ---
  5 packet(s) transmitted
  5 packet(s) received
  0.00% packet loss
  round-trip min/avg/max = 31/37/47 ms

PC>ping 192.168.3.100

Ping 192.168.3.100: 32 data bytes, Press Ctrl_C to break
From 192.168.3.100: bytes=32 seq=1 ttl=126 time=32 ms
From 192.168.3.100: bytes=32 seq=2 ttl=126 time=15 ms
From 192.168.3.100: bytes=32 seq=3 ttl=126 time=47 ms
From 192.168.3.100: bytes=32 seq=4 ttl=126 time=47 ms
From 192.168.3.100: bytes=32 seq=5 ttl=126 time=16 ms

--- 192.168.3.100 ping statistics ---
  5 packet(s) transmitted
  5 packet(s) received
  0.00% packet loss
  round-trip min/avg/max = 15/31/47 ms

PC>
```

图 4-34 连通性测试 12

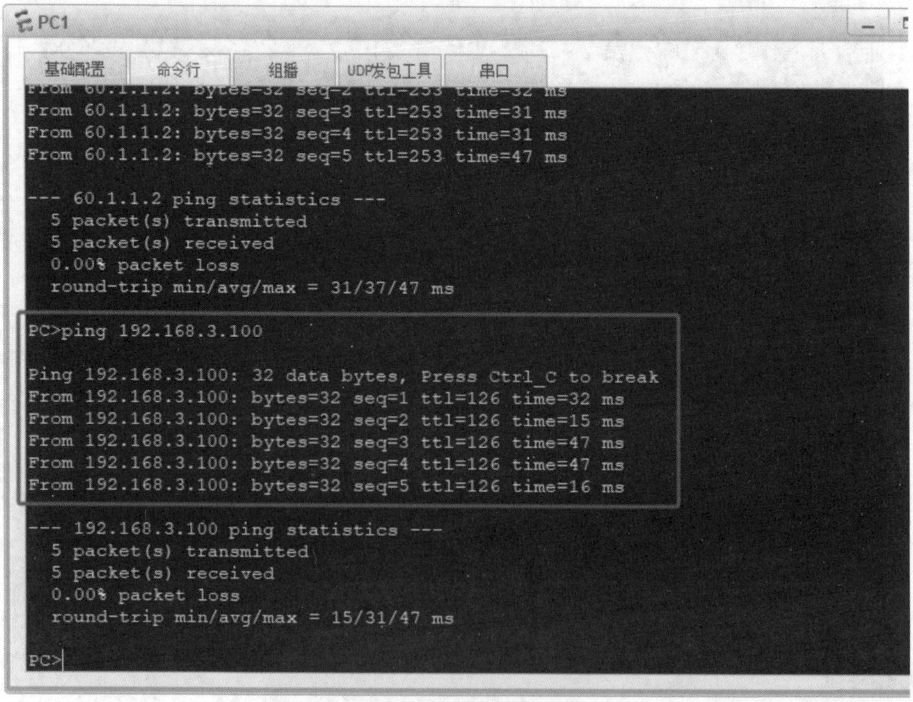

PC1

基础配置 命令行 组播 UDP发包工具 串口

```
From 60.1.1.2: bytes=32 seq=2 ttl=253 time=32 ms
From 60.1.1.2: bytes=32 seq=3 ttl=253 time=31 ms
From 60.1.1.2: bytes=32 seq=4 ttl=253 time=31 ms
From 60.1.1.2: bytes=32 seq=5 ttl=253 time=47 ms

--- 60.1.1.2 ping statistics ---
  5 packet(s) transmitted
  5 packet(s) received
  0.00% packet loss
  round-trip min/avg/max = 31/37/47 ms

PC>ping 192.168.3.100

Ping 192.168.3.100: 32 data bytes, Press Ctrl_C to break
From 192.168.3.100: bytes=32 seq=1 ttl=126 time=32 ms
From 192.168.3.100: bytes=32 seq=2 ttl=126 time=15 ms
From 192.168.3.100: bytes=32 seq=3 ttl=126 time=47 ms
From 192.168.3.100: bytes=32 seq=4 ttl=126 time=47 ms
From 192.168.3.100: bytes=32 seq=5 ttl=126 time=16 ms

--- 192.168.3.100 ping statistics ---
  5 packet(s) transmitted
  5 packet(s) received
  0.00% packet loss
  round-trip min/avg/max = 15/31/47 ms

PC>
```

图 4-35 连通性测试 13

需求 4：防火墙配置安全策略，使 PC4 可以访问 PC3。

[USG6000V1]security-policy	//进入安全策略
[USG6000V1-policy-security]rule name 1	//添加一条名为 1 的规则
[USG6000V1-policy-security-rule-1]source-zone untrust	//源区域为 Untrust
[USG6000V1-policy-security-rule-1]destination-zone dmz	//目的区域为 DMZ
[USG6000V1-policy-security-rule-1] source-address 100. 1. 1. 0 mask 255. 255. 255. 0	//源地址为 100. 1. 1. 0 网段
[USG6000V1-policy-security-rule-1]destination-address 192. 168. 3. 100 32	//添加目的地址 IP
[USG6000V1-policy-security-rule-1]action permit	//设置为允许
[USG6000V1-policy-security-rule-1]qu	
[USG6000V1-policy-security]qu	

通过 ping 命令验证 Untrust 区域的 PC4 访问 PC3，如图 4-36 所示。

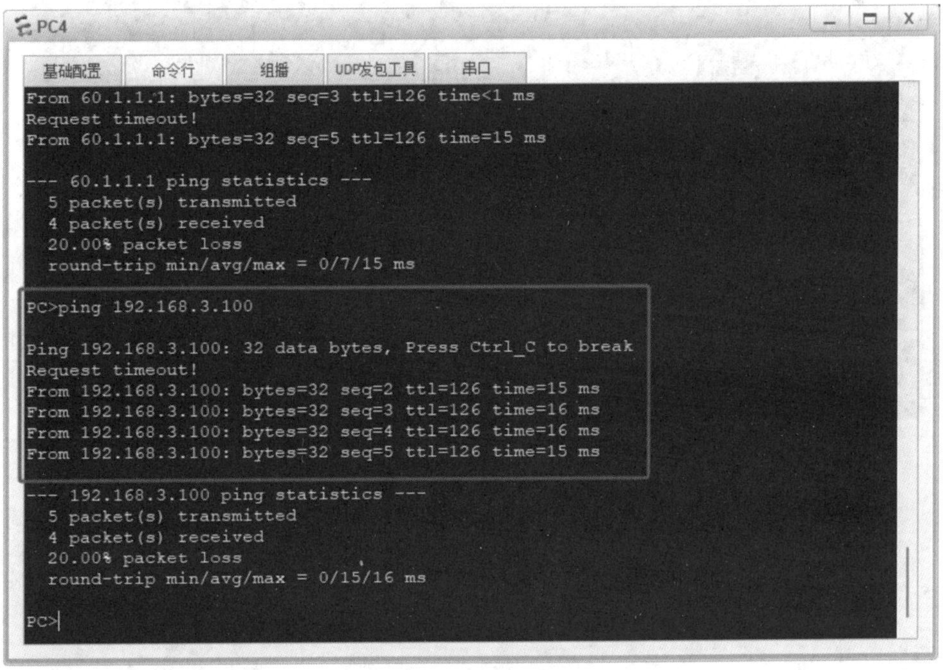

```
PC4
基础配置 命令行 组播 UDP发包工具 串口
From 60.1.1.1: bytes=32 seq=3 ttl=126 time<1 ms
Request timeout!
From 60.1.1.1: bytes=32 seq=5 ttl=126 time=15 ms

--- 60.1.1.1 ping statistics ---
  5 packet(s) transmitted
  4 packet(s) received
  20.00% packet loss
  round-trip min/avg/max = 0/7/15 ms

PC>ping 192.168.3.100

Ping 192.168.3.100: 32 data bytes, Press Ctrl_C to break
Request timeout!
From 192.168.3.100: bytes=32 seq=2 ttl=126 time=15 ms
From 192.168.3.100: bytes=32 seq=3 ttl=126 time=16 ms
From 192.168.3.100: bytes=32 seq=4 ttl=126 time=16 ms
From 192.168.3.100: bytes=32 seq=5 ttl=126 time=15 ms

--- 192.168.3.100 ping statistics ---
  5 packet(s) transmitted
  4 packet(s) received
  20.00% packet loss
  round-trip min/avg/max = 0/15/16 ms

PC>
```

图 4-36　连通性测试 14

需求 5：防火墙作为网络安全防护产品，默认情况下所有端口均禁止 ping 命令，这种做法是为了防止黑客对端口进行扫描，将该接口隐藏在互联网中。我们可以通过进入防火墙的管理界面将 ping 命令打开，并且做一条 Nat 策略，让 Untrust 区域的主机来访问防火墙的外部接口时，把数据包转给内部服务器，实现服务器的安全隔离。

```
[USG6000V1]int g1/0/1                                          //进入 g1/0/1 端口
[USG6000V1-GigabitEthernet1/0/1]service-manage ping permit    //打开 ping 命令
[USG6000V1-GigabitEthernet1/0/1]undo service-manage enable
[USG6000V1-GigabitEthernet1/0/1]qu
[USG6000V1]nat server 2 protocol icmp global 60.1.1.1 inside 192.168.3.100
```

通过 ping 命令验证 Untrust 区域的 PC4 访问 PC3。

从图 4-37 可以看到，PC4 可以 ping 通 60.1.1.1。通过抓包软件，在 PC3 的网卡上进行抓包，发现 PC4 ping 防火墙端口的数据包已经被防火墙转到了 PC3 上，如图 4-38 所示。

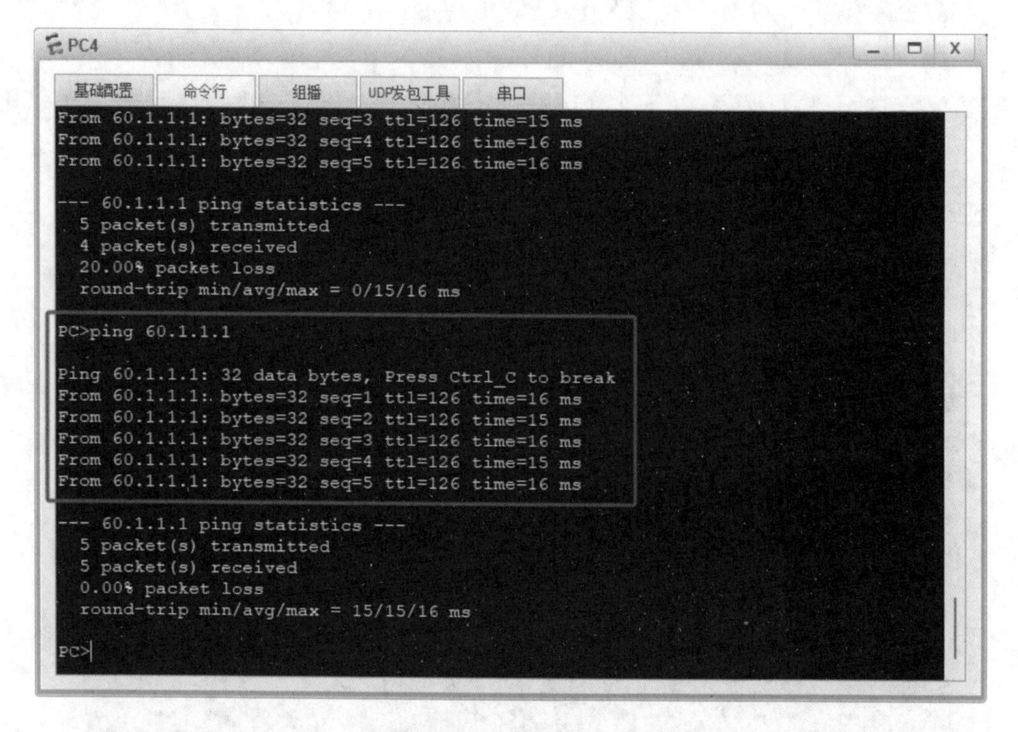

图 4-37　连通性测试 15

正在捕获 -

文件(F)　编辑(E)　视图(V)　跳转(G)　捕获(C)　分析(A)　统计(S)　电话(Y)　无线(W)　工具(T)　帮助(H)

应用显示过滤器 … <Ctrl-/>

No.	Time	Source	Destination	Protocol	Length	Info
3	1.000000	100.1.1.100	192.168.3.100	ICMP	74	Echo (ping) request id=0x247e, seq=2/512, ttl=126 (reply in 4)
4	1.015000	192.168.3.100	100.1.1.100	ICMP	74	Echo (ping) reply id=0x247e, seq=2/512, ttl=128 (request in 3)
5	2.031000	100.1.1.100	192.168.3.100	ICMP	74	Echo (ping) request id=0x257e, seq=3/768, ttl=126 (reply in 6)
6	2.031000	192.168.3.100	100.1.1.100	ICMP	74	Echo (ping) reply id=0x257e, seq=3/768, ttl=128 (request in 5)
7	3.031000	100.1.1.100	192.168.3.100	ICMP	74	Echo (ping) request id=0x267e, seq=4/1024, ttl=126 (reply in 8)
8	3.046000	192.168.3.100	100.1.1.100	ICMP	74	Echo (ping) reply id=0x267e, seq=4/1024, ttl=128 (request in 7)
9	4.046000	100.1.1.100	192.168.3.100	ICMP	74	Echo (ping) request id=0x277e, seq=5/1280, ttl=126 (reply in 10)
10	4.062000	192.168.3.100	100.1.1.100	ICMP	74	Echo (ping) reply id=0x277e, seq=5/1280, ttl=128 (request in 9)

Frame 1: 74 bytes on wire (592 bits), 74 bytes captured (592 bits) on interface 0

图 4-38　抓包分析 5

工程师提示

在配置防火墙的时候，一定要理清楚拓扑。分清哪里是信任区域，哪里是非信任区域，在逻辑上把这些理顺以后，配置防火墙就比较简单了。作为未来社会的建设者和接班人，我们不仅要保护好自己的网络安全，更要肩负起维护网络空间安全稳定的责任。防火墙的部署和管理，需要我们具备高度的责任心和专业素养。我们要认真学习防火墙技术，熟练掌握其配置和使用方法，确保网络环境的安全可靠。同时，我们还要积极参与网络安全宣传和教育工作，提高全社会的网络安全意识，共同营造一个安全、健康、和谐的网络环境。

任务评价表

序号	任务考核点名称	任务考核指标	自我评价（0～10分）	教师评价（0～10分）
1	防火墙的作用	能够理解防火墙的功能与作用		
2	区域的概念	能够理解防火墙具备的区域概念		
3	防火墙规则	能够理解防火墙的转发规则		
4	实验配置	能够在90分钟之内配置完成实验		
本次任务总结：				

4.7 【扩展阅读】

网络空间安全作为继国土安全、领海安全、太空安全以外的第四安全领域，需要我们为之投入大量精力进行建设。保护网络空间安全就是保护人民的财产安全。我国的网络安全发展分为以下几个阶段。

一、早期探索阶段(1980—2000年)

在20世纪80年代，随着计算机技术的引入和互联网的初步发展，我国开始意识到网络安全的重要性。这一时期的网络安全主要依赖于国外的技术和产品，国内对于网络安全的研究和应用还处于起步阶段。然而，一些前瞻性的科研机构和高校开始关注网络安全问题，并尝试进行一些基础性的研究和探索。

二、初步发展阶段(2000—2010年)

进入21世纪后，随着互联网的普及和信息技术的飞速发展，网络安全问题日益凸显。我国开始加大对网络安全领域的投入，推动网络安全技术的自主研发和应用。一些国内企业开始涉足网络安全领域，推出了一些具有自主知识产权的网络安全产品。同时，国家也出台了一系列政策和法规，加强对网络安全的管理和监管。

三、快速发展阶段(2010年至今)

近年来，我国在网络安全领域取得了长足的进步和发展。在技术研发方面，国内企业不断推出创新性的网络安全产品和解决方案，如防火墙、入侵检测系统、数据加密技术等。这些技术和产品不仅满足了国内市场的需求，还逐渐在国际市场上获得了认可。

同时，我国还加强了对网络安全人才的培养和引进。许多高校和科研机构设立了网络安全相关专业和实验室，培养了大量网络安全人才。此外，国家还鼓励企业引进海外优秀人才和先进技术，推动网络安全技术的创新发展。

在政策层面，我国不断完善网络安全法律法规体系，加强了对网络安全的监管。例如，《网络安全法》的颁布实施，为我国网络安全事业的发展提供了坚实的法律保障。此外，国家还成立了网络安全和信息化领导小组等机构，加强对网络安全工作的统筹协调和指导。

尽管我国网络安全领域取得了显著进展，但仍面临着一些挑战和问题。例如，随着新技术、新业态的不断涌现，网络安全威胁日益复杂多样；同时，网络安全人才短缺、技术创新能力不足等问题也亟待解决。

然而，这些挑战也为我国网络安全事业的发展带来了机遇。一方面，随着数字化、网络化、智能化的深入发展，网络安全需求将持续增长；另一方面，我国在全球网络安全领域的地位和作用也日益凸显，将为我国网络安全事业的发展提供更多机遇和空间。

展望未来，我国网络安全事业将继续保持快速发展的态势。在技术方面，我国将不断推出创新性的网络安全技术和产品，提升网络安全防御能力；在人才培养方面，我国将加强网络安全人才培养和引进力度，打造一支高素质、专业化的网络安全人才队伍；在政策层面，我国将进一步完善网络安全法律法规体系，加强网络安全监管和管理力度。同时，我国还将积极参与全球网络安全治理体系的建设和完善，为维护全球网络安全贡献中国智慧和力量。

4.8 【项目总结】

经过本项目的学习，同学们应该对网络安全技术有了一定的了解，其实网络安全并不能独立于网络以外，应属于网络技术的拔高技能。网络高手不一定是网络安全高手，但网络安全高手一定是网络高手。因此，同学们应该注重巩固基础网络知识，只有这样，才能游刃有余地学习网络安全技术。

在本项目中，我们了解了什么是网络攻击。其实大家不要把网络攻击想象得太复杂，剪断网线、偷取流量、编制简单的木马程序都叫网络安全攻击。网络安全攻击的最终目的一定是获得自己所需要的信息，而我们学习这一部分内容就是要了解网络攻击的手段，从而知己知彼，进行网络安全防护。例如，针对 IP 地址暴露，可以使用 NAT 技术进行隐藏；针对不明 IP 地址大量访问，可以使用 ACL 访问控制技术进行过滤。同时，对于大多数企业来说，防火墙依然是他们构建网络安全的第一选择。因此，我们在最后安排了一次综合的防火墙实验，让大家了解防火墙的技术原理以及基础配置。相信通过本项目的学习，大家对网络安全技术会有一些基本的了解，但更深层次的技术，还需要同学们继续努力学习。网络安全是把双刃剑，用好了，可保我国信息安全太平，若用不好，则可能成为我们的绊脚石。因此，在学习了网络安全技术以后，同学们一定要注意自己所站的立场，所做的信息安全项目一定要合规、合法。

参 考 文 献

[1] 徐立新,吕书波.计算机网络技术[M]. 5 版. 北京:人民邮电出版社,2024.

[2] 王素芳,谷利芬.交换机与路由器配置与管理[M].北京:中国水利水电出版社,2017.

[3] 史秀峰,葛宗占.计算机网络技术与应用[M].4 版. 北京:电子工业出版社,2024.

[4] 李立功.计算机网络技术及应用项目教程[M].北京:电子工业出版社 2017.

[5] 刘道刚,董良新. 路由交换技术与实践(微课版)[M].2 版.北京:人民邮电出版社,2024.

[6] 李臻,王艳,张锋.网络安全技术项目教程(微课版)[M].北京:人民邮电出版社,2024.